电力应急准军事化管理与实践丛书

应急救援基干队伍专业技能

国网宁夏电力有限公司　编

WUHAN UNIVERSITY PRESS
武汉大学出版社

图书在版编目(CIP)数据

应急救援基干队伍专业技能/国网宁夏电力有限公司编.—武汉：
武汉大学出版社,2022.9
电力应急准军事化管理与实践丛书
ISBN 978-7-307-23112-2

Ⅰ.应… Ⅱ.国… Ⅲ.电力工业—突发事件—救援 Ⅳ.TM08

中国版本图书馆 CIP 数据核字(2022)第 085626 号

责任编辑:方竞男 责任校对:路亚妮 装帧设计:吴 极

出版发行:**武汉大学出版社** (430072 武昌 珞珈山)
(电子邮箱:whu_publish@163.com 网址:www.stmpress.cn)
印刷:武汉雅美高印刷有限公司
开本:720×1000 1/16 印张:15 字数:286 千字
版次:2022 年 9 月第 1 版 2022 年 9 月第 1 次印刷
ISBN 978-7-307-23112-2 定价:108.00 元

编审委员会

前　言

　　推进国家应急管理体系和能力现代化建设，既是一项紧迫任务，又是一项长期任务。党中央、国务院高度重视应急管理体系建设，党的十八大以来，习近平总书记发表了一系列关于应急管理工作的重要讲话，深刻阐明了我国应急管理体制机制的特色和优势，科学回答了事关应急管理工作全局和长远发展的重大理论和实践问题，为应急管理工作提供了科学指南和根本遵循。

　　应急救援是安全生产的最后一道防线，做好应急救援工作是国网宁夏电力有限公司坚决扛起驻地央企政治责任、经济责任和社会责任，全面践行"人民电业为人民"企业宗旨，满足人民美好生活用电需求的具体体现。在国家电网有限公司的统一领导下，国网宁夏电力有限公司充分结合自身地域和电网结构特点，以构建全方位、立体化的应急培训体系为指引，因地制宜地开发和应用了应急管理"四个一"（一批师资、一套教材、一系列示范片、一部案例库）培训课件，为应急管理集中培训和个人自主学习提供了有力支撑。

　　本教材是教材《应急救援基干队伍基础技能》的姊妹篇，后者聚焦于基础技能，前者则从专业技能角度进行阐述，内容上相互补充，丰富和完善了应急救援基干队伍学习教材。

　　本教材由国网宁夏电力有限公司统一组织编写，展示了突发事件救援工作中的卫星便携站操作、生命搜救设备操作、大型照明装置操作、破拆工具操作、冲锋舟（橡皮艇）操作、无人机灾情勘测、森林草原火灾处置、电缆通道火灾处置8种应急救援场景，旨在规范应急救援业务操作，提高应急救援基干分队人员基础理论水平和专业技能水平。

　　由于编者水平有限，书中不足之处在所难免，恳请读者批评指正。

国网宁夏电力有限公司

2021 年 11 月

目　　录

学生手册篇

教师讲义篇

学生手册篇

第一章　卫星便携站操作

一、卫星便携站简介

卫星便携站主要组成部分有天线主机、会议终端以及相关附件。其中，天线主机的主要作用是与卫星建立通道，接收、发送卫星信号；会议终端的主要作用是与其他在线的卫星终端建立会议，进行音视频通话。卫星便携站共有 6 个包装箱，分别为天线主机箱（图 1-1）、会议终端箱（图 1-2）、天线瓣箱、附件箱、单兵主机箱和单兵附件箱等。

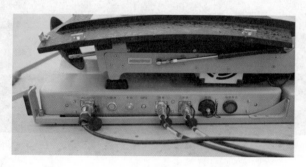

图 1-1　天线主机箱

图 1-2　会议终端箱

二、卫星便携站组装

1.电源连接

卫星便携站采用 AC220V 交流电接入,无论是采用市电还是发电机供电,务必选择合适电压的电源。

发电机供电启动麻烦、噪声较大、续航时间不持久,成本高。与发电机供电相比,市电更为稳定、可靠、持续。

2.会议终端箱线路连接

会议终端箱及相关附件线路连接如图 1-3～图 1-5 所示。

电源输入

卫星发

卫星收

图 1-3　会议终端箱连接图

图 1-4　话筒连接图

图 1-5 摄像头固定于三脚架上

3.单兵线路连接

单兵线路连接所用到的材料包括天线吸盘(图 1-6)、语音天线和图像天线(图 1-7、图 1-8)等。

图 1-6 天线吸盘

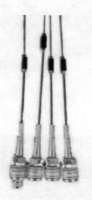

图 1-7 语音天线和图像天线

图 1-8 组装好的语音
天线与图像天线

单兵线路连接中天线接线示意图如图 1-9 所示。

单兵线路连接的操作步骤如下。

(1)将组装好的天线依次接入会议终端箱对应的语音天线和图像天线接口,如图 1-10 所示。

(2)从单兵主机箱中取出单兵背负机,接上单兵发射机发射天线 TX、单兵发射机接收天线 RX,如图 1-11 所示。

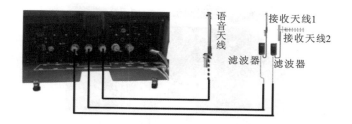

图 1-9 天线接线示意图

图 1-10 语音天线和图像天线接口

图 1-11 单兵背负机线缆连接图

（3）从单兵系统 1 号附件收纳盒中取出一体式耳麦，插入单兵背负机 MIC 接口，如图 1-12 和图 1-13 所示。

（4）将单兵背负机电源线、摄像机线依次连接，如图 1-14 和图 1-15 所示。

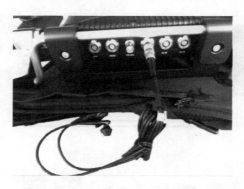

图 1-12 单兵背负机 MIC 线缆连接图

图 1-13 单兵背负机侧面接口图

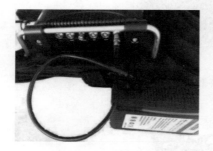 

图 1-14 单兵背负机电源接线图 图1-15 单兵背负机摄像机接线图

4. L 波段射频线缆线路连接

从天线瓣箱中取出收/发 L 波电缆线与天线主机电源线(三根线绑在一起,如图 1-16 所示)。按照标签提示依次连接至会议终端接口(图 1-17)与天线主机接口(图 1-18)。

图 1-16 收/发 L 波电缆线与天线主机电源线绑在一起

图 1-17 会议终端对外接口

（注：打开的接口面板上标有对应位置接口的名称）

图 1-18 天线主机接口

5. 天线瓣拼接

（1）天线主机开启。天线主机加电 5s 后，电源指示灯由常亮变为闪烁，然后按下"一键通"对星按钮，天线主瓣缓缓升起。

（2）拼接天线瓣。按照天线瓣背面指示图顺序完成拼接，如图 1-19～图 1-21 所示（天线瓣拼接锁处，按下顶部，将小把手旋转 90°，朝天线瓣方向按下）。

图 1-19 天线瓣拼接示意图 1

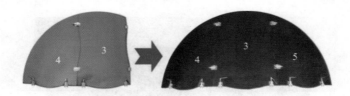

图1-20　天线瓣拼接示意图2

图1-21　天线瓣拼接示意图3

（3）完成对星。天线瓣拼接完成后，按下"一键通"对星按钮，天线锅转动，待天线锅静止，完成对星。

（4）打开BUC供电开关。"一键通"对星按钮灯常亮后，打开BUC供电开关，进行收发通信。

【注意】
　　所有人员应在天线锅背面活动，正面有强辐射。

三、卫星便携站使用

1. 设备加电

（1）检查会议终端箱外接线路，若正常，则按下电源开关，此时按钮开关红灯亮起。电源开关位置如图1-22所示。

（2）VHD-930摄像头加电。摄像头电源适配器一端插入市电，另一端接入DC12V接口。

（3）若需要单兵工作，则按下单兵开关。同时单兵背负机加电，单兵背负机所配的索尼摄像机加电。单兵开关位置如图1-22所示。

图1-22　会议终端箱面板显示图

2.辅助操作管理系统使用

（1）按下会议终端箱电源开关，等待系统自检，直至会议终端箱显示器出现辅助操作管理系统登录界面（图1-23），点击"登录"，进入辅助操作管理系统主界面，如图1-24所示。

图1-23　辅助操作管理系统登录界面

图1-24　辅助操作管理系统主界面

（2）按下天线底座侧面的"功放开关"按钮（图1-25），确认功放状态指示灯常亮，向国网中心站申请使用卫星带宽。

图1-25　天线功放开启按键

3.会议系统搭建

（1）完成上述步骤后，进入"视频会议"界面，"视频会议"界面会出现图像，如图 1-26 所示。

（2）使用遥控器（图 1-27）输入需要呼叫的远端 IP 地址，按绿色电话键，等待 5s，则会议建立，如图 1-28～图 1-30 所示。

（3）通过会议终端箱连接的麦克风说话时，可从单兵背负机的耳麦听到声音；通过单兵背负机说话时，可从会议终端箱上的扬声器听见声音。

图 1-26　辅助操作管理系统"视频会议"界面

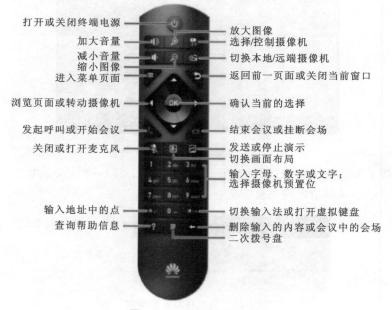

图 1-27　遥控器按键功能

图 1-28　会议建立过程

图 1-29　远端视频、本端视频

图 1-30　选择视频源界面

四、卫星便携站拆除

1. 天线瓣拆除与收藏

会议结束后,先挂断会议,然后联系国网中心站释放卫星载波,等待国网中心站确认后再关闭"BUC"功放,按"一键通"按钮使卫星天线锅复位,根据天线瓣背面数字从大至小依次拆除天线瓣,天线瓣拆除后,再次按下"一键通"按钮,等待天线主机自动收藏。

2. L 波段射频线缆线路拆除

天线主机收藏完成后,拆除天线主机连接的收/发 L 波电缆线,将其收藏至天线瓣箱中。

3. 单兵背负机拆除

将单兵背负机摄像机及单兵电池、图像天线、语音天线依次拆除并收藏至单兵附件箱中,从会议终端箱上拆除天线吸盘线缆。

4. 会议终端箱线路拆除

依次拆除会议终端箱连接的 L 波射频电缆线、话筒线缆、摄像头线缆。

5. 便携站设备断电关机

点击会议终端箱辅助操作管理系统右上角的"退出",如图 1-31 所示,返回系统桌面;在 Windows 界面下,点击左下角的"开始",选择"关机",如图 1-32 所示;等待会议终端箱系统关机后,按下会议终端箱电源开关。

图 1-31 "辅助操作管理系统"退出界面

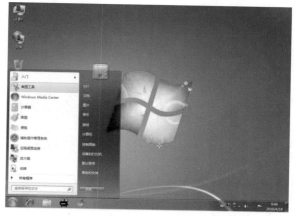

图 1-32　Windows 界面下关机

五、卫星便携站操作注意事项

(1)所有设备禁止反复开关机！每次开机后如需关机,应待设备自检启动结束;设备关机后如需重新开机,至少应间隔1min,否则设备会因频繁开机而损坏。

(2)请在开箱前牢记设备、辅材摆放位置。一方面有助于在应急过程中能够快速有效地搭建设备;另一方面,按出厂位置准确摆放设备,有利于减少设备不必要的损坏。

(3)请勿将天线主机和会议终端两设备卫星接收和卫星发射对应的接口接反。

(4)射频电缆连接一定要精准可靠,请勿过度弯折。

(5)单兵系统必须在天线连接完毕后方可开机。

(6)单兵系统必须在关机断开电源后方可拆卸天线。

(7)单兵发射天线必须远离显示设备。

(8)功放开关应在对准卫星之后开启,在通信结束且卫星链路关闭之后关闭。

(9)在未通知主站释放载波的情况下,禁止直接断电。

(10)会议终端箱关机时,必须先退出软件,关闭工控机,再关闭会议终端箱电源。禁止非法关闭工控机。

六、总结

1.重点

卫星便携站系统设备连接方式。

2.难点

单兵线路连接。

3.要点

卫星便携站系统组成。

第二章　生命搜救设备操作

一、生命探测仪基础知识

(一)生命探测仪简介

生命探测仪是一种用于探测生命迹象的高科技搜救设备,其应用信息检测技术,通过探测不同形式的波,进而识别被困人员所在的位置。

(二)生命探测仪分类

目前常用的生命探测仪有 CAMB-V500 音频生命探测仪、BF-V8 音视频生命探测仪和 LSJ 系列雷达生命探测仪。

(1)CAMB-V500 音频生命探测仪(图 2-1):通过音频探头对狭窄缝隙的搜寻,将声音信号传输到主机上,使救援人员能够听到埋在废墟下的被困者的声音,并与之进行交流。

适用环境:用于地震、建筑倒塌、爆炸、滑坡、矿山事故等灾害现场的生命搜救。

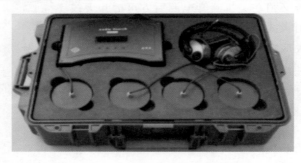

图 2-1　CAMB-V500 音频生命探测仪

(2)BF-V8 音视频生命探测仪(图 2-2):通过视频探头深入肉眼看不到的缝隙,将视频图像传输到主机显示屏上,使救援人员能够看到埋在废墟下的被困者,并与之进行交流。

适用环境:用于地震、建筑倒塌等灾害现场的生命搜救。

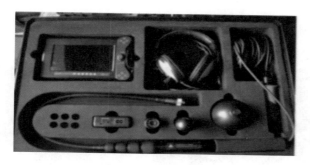

图 2-2　BF-V8 音视频生命探测仪

（3）LSJ 系列雷达生命探测仪（图 2-3）：雷达主机利用电磁波的反射，辨识有无生命迹象，通过手持终端反馈被困者的位置信息。

适用环境：军事危险区域及各种复杂障碍区域的搜救。

图 2-3　LSJ 系列雷达生命探测仪

二、CAMB-V500 音频生命探测仪

（一）设备组成

CAMB-V500 音频生命探测仪由主机、音频专用线缆 4 盘、专业降噪耳麦、音频探头 4 个、便携式移动电源、设备箱组成，如图 2-4 所示。

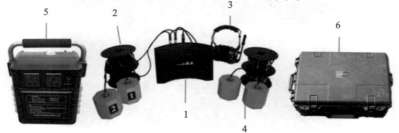

图 2-4　CAMB-V500 音频生命探测仪组成

1—主机；2—音频专用线缆；3—专业降噪耳麦；4—音频探头；5—便携式移动电源；6—设备箱

（二）准备工作

（1）检查配件是否齐全，如图 2-5 所示。

图 2-5　CAMB-V500 音频生命探测仪配件检查

（2）检查便携式移动电源电量是否充足，如图 2-6 所示。

图 2-6　便携式移动电源电量检查

（3）将主机电源线连接至便携式移动电源插座，如图 2-7 所示。

图 2-7　连接便携式移动电源插座

（4）检查主机通电情况，查看指示灯是否亮起，主机音频显示器有无波形，如图 2-8、图 2-9 所示。

图 2-8　查看指示灯(准备阶段)　　　　图 2-9　查看主机音频显示器(准备阶段)

（三）设备组装

（1）将专业降噪耳麦连接至主机侧方耳麦插孔，如图 2-10 所示。

图 2-10　连接专业降噪耳麦

（2）将音频探头连接至主机侧方音频探头插孔 🔓，如图 2-11 和图 2-12 所示。

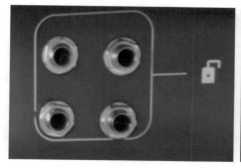 

图 2-11　音频探头插孔　　　　图 2-12　连接音频探头

（3）连接主机电源线,组装完毕,如图2-13和图2-14所示。

图 2-13　连接主机电源线　　　　　　　　图 2-14　组装完成

（四）目标探测

（1）将音频探头放入搜救位置,如图2-15所示。

图 2-15　放入音频探头

（2）发现探测目标后,查看主机音频显示器有无波形,指示灯是否亮起,如图2-16和图2-17所示。

图 2-16　查看主机音频显示器(探测阶段)　　图 2-17　查看指示灯(探测阶段)

目标探测过程中至少2人配合工作,一人观察主机音频显示器,另一人放置音频探头进行探测,主机连接多个音频探头时,可同时放置于不同位置。若发现目标,则对应探头指示灯亮起,主机音频显示器出现波形。

(五)常见故障及解决方法

CAMB-V500音频生命探测仪常见故障及解决方法如表2-1所示。

表2-1　　　　　CAMB-V500音频生命探测仪常见故障及解决方法

故障现象	原因分析	解决方法
主机音频显示器波形无反应	插孔插座未接好	检查线缆是否连接好
屏幕闪烁	电量不足	及时对电源进行充电

三、BF-V8音视频生命探测仪

(一)设备组成

BF-V8音视频生命探测仪由主机、手持伸缩杆、充电器、红外视频探头、360°旋转探头、水下360°探头、蛇眼探头、专业降噪耳麦、探头连接线缆组成,如图2-18所示。

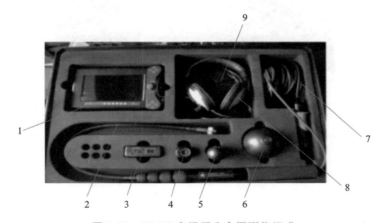

图2-18　BF-V8音视频生命探测仪组成

1—主机;2—手持伸缩杆;3—充电器;4—红外视频探头;5—360°旋转探头;
6—水下360°探头;7—蛇眼探头;8—专业降噪耳麦;9—探头连接线缆

(二)准备工作

(1)检查配件是否齐全,如图2-19所示。

(2)查看主机开机显示界面是否正常,如图2-20所示;再查看主机电量指示灯是否亮起,如图2-21所示。

图 2-19　BF-V8 音视频生命探测仪配件检查

图 2-20　查看主机开机显示界面

电量指示灯亮起

图 2-21　查看主机电量指示灯

(三)探头的使用

1.红外视频探头的使用

(1)将红外视频探头与手持伸缩杆连接,锁紧,如图 2-22 所示。

(2)将探头连接线缆插头与主机对应的线缆插座连接,如图 2-23 所示。

(3)将专业降噪耳麦插头与主机对应的耳麦插孔连接,如图 2-24 和图 2-25 所示。

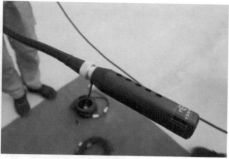

图 2-22　红外视频探头连接手持伸缩杆

图 2-23　连接主机线缆插座 1

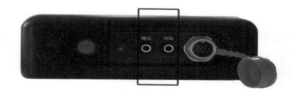

图 2-24　耳麦插孔　　　　　　图 2-25　耳麦连接

（4）按下主机语音对讲、录像、播放、菜单、拍照、查看、切换等按键，如图 2-26 所示，即可实现语音对讲、录像播放等相应功能。

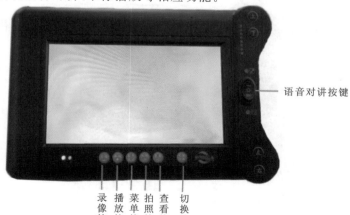

图 2-26　主机按键

2.360°旋转探头的使用

(1)将 360°旋转探头(图 2-27)与手持伸缩杆进行连接,锁紧。

图 2-27　360°旋转探头

(2)将探头连接线缆与主机对应的线缆插座连接。

(3)　　　　四键可控制探头上下左右旋转。

【注意】

　　禁止手动左右旋转探头,以免损坏探头;取下探头时,请勿拉拽旋转连接处。

3.水下 360°探头的使用

(1)取出水下 360°探头(图 2-28),与手持伸缩杆进行连接,锁紧,如图 2-29
所示。

透明外壳　高亮夜视灯　镜头　五金外壳　摄像头接头　电缆线　绕线轮

图 2-28　水下 360°探头

图 2-29 水下 360°探头连接手持伸缩杆

（2）将探头连接线缆插头与主机对应的线缆插座连接，如图 2-30 所示。

图 2-30 连接主机线缆插座 2

（3）控制手柄按键说明（图 2-31）。

①控制手柄上 LED 键可用于切换显示画面。

开/关LED灯
向左旋转
自动/停止旋转
向右旋转
字符显示

图 2-31 控制手柄按键

②在 $\frac{\text{AUTO}}{\text{MANU}}$（自动/停止旋转）模式下，按下 $\frac{\text{SPEED}}{\text{R}}$（向右旋转）键，可调整探头旋转速度。

③在 $\frac{\text{AUTO}}{\text{MANU}}$（自动/停止旋转）模式下，按下 $\frac{\text{F/C}}{\text{L}}$（向左旋转）键，主机屏幕右下

方会显示字样 A(代表探头起始位置);继续按下 $\dfrac{F/C}{L}$(向左旋转)键,会显示字样 B (代表探头终点位置);设置完成后,探头可在设定的区域往复探测。

　4.蛇眼探头的使用

　(1)蛇眼探头(图 2-32)与探头连接线缆插头连接,再将线缆插头与主机对应的 线缆插孔连接。

图 2-32　蛇眼探头

(2)通过蛇眼探头手柄上的拨轮 ,可开/关蛇眼探头 LED 灯。

(四)目标探测

(1)按下主机红色电源按键,如图 2-33 所示。

图 2-33　打开主机电源

(2)将探头放入搜寻位置,如图 2-34 所示。

(3)主机显示探测画面,如图 2-35 所示。

图 2-34 探头放入搜寻位置

图 2-35 主机探测画面显示

【注意】

当主机屏幕显示无信号时,重启主机或重新连接探头。

(五)常见故障及解决方法

BF-V8 音视频生命探测仪常见故障及解决方法如表 2-2 所示。

表 2-2　　　　BF-V8 音视频生命探测仪常见故障及解决方法

故障现象	原因分析	解决方法
显示屏变为灰色	电量不足	对主机进行充电
旋转探头,上下翻转卡死	探头问题	轻轻辅助旋转探头

四、LSJ 系列雷达生命探测仪

(一)设备组成

LSJ 系列雷达生命探测仪由雷达主机、手持终端、电池充电插槽、充电器组成,如图 2-36 所示。

图 2-36　LSJ 系列雷达生命探测仪组成
1—雷达主机;2—手持终端;3—电池充电插槽;4—充电器

（二）准备工作

（1）检查配件（图 2-37）是否齐全。

图 2-37 LSJ 系列雷达生命探测仪配件

（2）安装电池后，按下电源键，雷达主机指示灯亮起，如图 2-38 和图 2-39 所示。

图 2-38 安装电池 图 2-39 雷达主机指示灯亮起

（3）检查手持终端电量是否充足，如图 2-40 所示。

图 2-40 查看手持终端电量

（三）设备组装

（1）按下雷达主机电源键（图2-41）。

图 2-41　雷达主机电源键

（2）按下手持终端电源键，如图2-42所示。手持终端操作界面如图2-43所示。

图 2-42　手持终端开机

图 2-43　手持终端操作界面

（3）打开手持终端无线网络，如图2-44所示，自动识别雷达主机信号。

图 2-44　打开手持终端无线网络

（4）点击菜单 LSJ 图标（图 2-45）。

LSJ

图 2-45 LSJ 图标

（5）点击软件界面左上角 ⟳ 按钮，开始连接雷达主机信号，如图 2-46 所示。

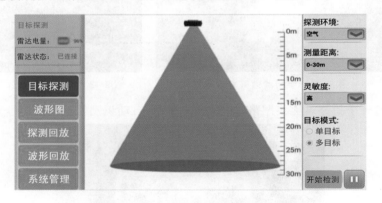

图 2-46 连接雷达主机信号

（6）连接成功后，雷达状态显示"已连接"，如图 2-47 所示。

图 2-47 雷达状态显示

（7）设置探测参数，如图 2-48 所示。

探测参数主要包括：

①探测环境：分为空气、穿墙、废墟三种环境。

②测量距离：测量距离代表主机探测深度，分为 0～10m、0～20m、0～30m 三种选项。

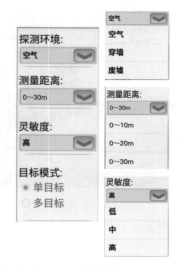

图 2-48　设置探测参数

③灵敏度：分为高、中、低三个等级，默认值为高。灵敏度高时，能减少目标探测时间。

④目标模式：分为单目标和多目标两种模式。单目标只对单个目标进行探测，多目标能对 2 个及以上的目标进行探测。

(四)目标探测

(1)将雷达主机放在搜救位置上方,如图 2-49 所示。

图 2-49　搜救位置

(2)点击手持终端右下方"开始检测",如图 2-50 所示。

29

图 2-50 开始检测

（3）发现目标后，手持终端显示具体位置信息，红色代表静止目标，绿色代表移动目标，如图 2-51 和图 2-52 所示。

图 2-51 探测结果显示

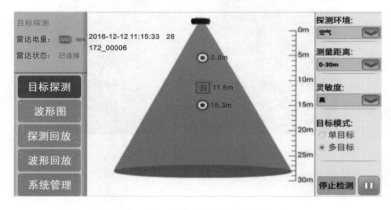

图 2-52 手持终端显示界面

【注意】

雷达主机可穿透深达 15m 的障碍物,可探测张角为 60°的圆锥体区域。

(五)常见故障及解决方法

LSJ 系列雷达生命探测仪常见故障及解决方法如表 2-3 所示。

表 2-3　　　　　LSJ 系列雷达生命探测仪常见故障及解决方法

故障现象	原因分析	解决方法
手持终端上显示连接不上雷达主机信号	信号不稳定	重启雷达主机
雷达主机开机无反应	电量不足或电池问题	充电或更换电池

五、运输与贮存

(1)严禁摔掷、重压,避免暴晒雨淋,防止剧烈碰撞。

(2)贮存在干燥、通风、无腐蚀性气体的环境中。

(3)设备使用完毕,用干净的棉布擦拭,放置于设备箱中。

(4)设备不使用时,取出电池,充满电。

(5)应设专人保管,定期检查、维护。

六、总结

1.重点

(1)设备检查。

(2)设备组装。

2.难点

(1)参数设置。

(2)设备调试。

3.要点

(1)生命探测仪类型选择。

(2)分析目标探测反馈结果。

第三章　大型照明装置操作

一、大型照明装置概况

1.大型照明装置简介

大型照明装置广泛应用于大型集会、电网抢修、抢险救灾等活动场所夜间照明。其一般由灯头组件、升降杆、发动机及发电机组、液压支撑装置四大部分组成。

2.大型照明类型

(1)一般照明。

只考虑应急救援场所获得有效的照明效果则为一般照明,其通常适用于应急救援范围大,对光照无特殊要求,或者没有条件装设局部照明的场所。

(2)局部照明。

为了保证应急救援场所获得一定的照明效果,对于局部照明要求比较高,并对照射方向有一定要求时,应装设局部照明。

(3)混合照明。

通常将一般照明和局部照明共同组成的照明方式称为混合照明。对工作位置和照射位置要求较高的场所适合采用混合照明。

二、大型照明装置基本特点

1.功能齐全

自带发电机组,同时支持 220V 市电供电,强光、泛光连续照明时间均可达12h。平台能实现自动升降调节,最大升起高度可达 10m,灯头可在水平、竖直方向调节照射角度和光照范围,使灯光覆盖面满足工作现场需求。

(1)供电方式:市电供电(图 3-1)和自带发电机组供电(图 3-2)。

(2)灯组能在水平和竖直方向调节(图 3-3 和图 3-4)。

(3)自动升降(图 3-5 和图 3-6)。

图 3-1　市电供电

图 3-2　自带发电机组供电

图 3-3　灯组水平调节

图 3-4　灯组竖直调节

图 3-5　自动上升

图 3-6　自动下降

2.安全可靠

装置车体液压支腿展开面积大,支撑力强,具有良好的抗风能力,一般可保证在 8 级大风下可靠工作。

（1）选材优质。

车体和支腿材质分别如图 3-7 和图 3-8 所示。

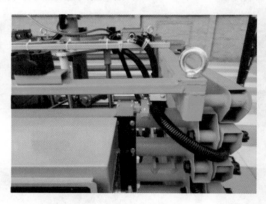

图 3-7　车体材质　　　　　　图 3-8　支腿材质

（2）稳定性高。

采取多种措施提高稳定性，如图 3-9～图 3-11 所示。

图 3-9　撑地稳固　　　　图 3-10　抗风绳辅助　　　　图 3-11　使用地锚

3.高机动性

支持皮卡运输、叉车搬运、人工短距离移动。放于皮卡车上高度不大于 2.2m，满足郊区、乡间道路限高要求。

（1）装置在复位状态下可用普通生产皮卡车运输。

①该大型照明装置操作简便，可通过遥控器控制，使之上升至车辆可倒入的高度。

②待车辆倒入装置底部，调整好装置安放位置和角度，通过遥控器操作收回支腿和摆臂，插好销轴，如图 3-12 所示。

③使用绳索对装置进行捆绑固定，如图 3-13 所示。

图 3-12 装卸演示

图 3-13 捆绑固定

（2）搬运方式灵活。

①装置可通过叉车短距离搬运，叉车搬运孔如图 3-14 所示。

②可通过小型起重机或随车吊吊装，机械吊装孔如图 3-15 所示。

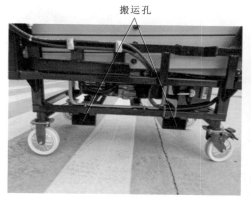

图 3-14 叉车搬运孔

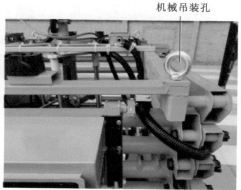

图 3-15 机械吊装孔

4. 操控简便

操作员配置少，搬运方式灵活，如图 3-16 和图 3-17 所示。

大型照明装置配有集成可视操作面板（图 3-18），控制开关、控制显示屏集成于同一操作面板，同时配有无线遥控器（图 3-19），控制灯具的自升降装卸，可满足现场指挥操作的方便性和快捷性要求。

图 3-16　操作人员配置　　　　图 3-17　搬运方式灵活

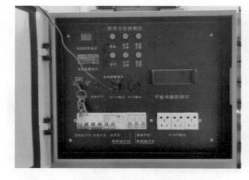

图 3-18　操作面板

图 3-19　无线遥控器

5. 光源强大

大型照明装置采用多个灯头,灯头组件(图 3-20)可水平旋转 0°～358°,竖直方向可在 0°～135°范围内任意改变投射角度。光照覆盖区域(图 3-21)长 105m、宽 68m,灯头功率 1380W,光照续航时间可达 12h。

图 3-20　灯头组件

图 3-21　光照覆盖区域

6.智能传输

大型照明装置可选配远程视频传输模块,通过 4G/5G 信号,可以实现作业现场实时监控、传输、指挥、对讲,也具备对现场照明补光、探照补光(图 3-22)等功能。

图 3-22 探照补光

三、大型照明装置操作步骤

1.大型照明装置操作面板说明

大型照明装置可通过控制面板和遥控器面板两个控制单元实现对装置的操作。

(1)控制面板说明。

控制面板及其功能说明如图 3-23 和图 3-24 所示。

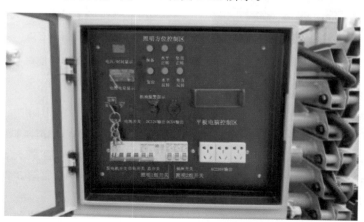

图 3-23 控制面板

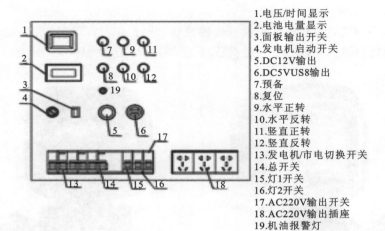

1.电压/时间显示
2.电池电量显示
3.面板输出开关
4.发电机启动开关
5.DC12V输出
6.DC5VUS8输出
7.预备
8.复位
9.水平正转
10.水平反转
11.竖直正转
12.竖直反转
13.发电机/市电切换开关
14.总开关
15.灯1开关
16.灯2开关
17.AC220V输出开关
18.AC220V输出插座
19.机油报警灯

图 3-24　控制面板功能说明

（2）遥控器面板说明。

遥控器面板及其功能说明如图 3-25 和图 3-26 所示。

1.急停开关
2.遥控器开关
3.支腿全伸
4.支腿全降
5.支腿1伸
6.支腿1收
7.支腿2伸
8.支腿2收
9.支腿3伸
10.支腿3收
11.支腿4伸
12.支腿4收
13.平台升
14.平台降

图 3-25　遥控器面板　　　　图 3-26　遥控器面板功能说明

2.大型照明装置使用前准备

（1）运输车辆准备。

运输车辆选择参考：照明装置收起尺寸为 1568mm×1525mm×1400mm,确保运输车辆厢体长、宽、高适应照明装置,车厢门能闭合,装车后最大高度不大于2.2m,车厢自带挂钩。运输车辆示例如图 3-27 所示,装车展示如图 3-28 所示。

（2）辅助配件准备。

为确保大型照明装置在作业现场作业时,能有效应对突发事件和天气变化,还需要配备一定类型和数量的辅助装备,包括抗风绳（图 3-29）、支腿垫板（图 3-30）、钢地锚（图 3-31）、工具套装（图 3-32）、接地极（图 3-33）和警戒带（图 3-34）。

图 3-27 运输车辆

图 3-28 装车展示

图 3-29 抗风绳

图 3-30 支腿垫板

图 3-31 钢地锚

图 3-32 工具套装

图 3-33 接地极

图 3-34 警戒带

（3）装置油料检查。

①液压油检查及补充。

a.液压油检查（图 3-35）。

通过液压油油表读取液压装置剩余的液压油量，若剩余油量在装置规定的油量标准以下，禁止直接使用，需要加注液压油后方可使用。

b.液压油添加。

液压油加注口如图 3-36 所示，加注操作如图 3-37 所示。

图 3-35　液压油检查

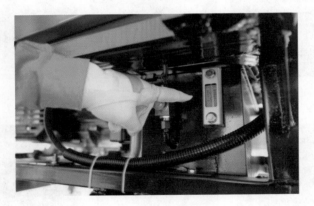

图 3-36　液压油加注口

图 3-37　液压油加注操作

加油量要求：支撑腿和剪叉处于收起状态，油位在 180F 刻度和红线之间(此时加油量约为 26L)。

c. 液压油使用条件。

推荐使用四季通用液压油，按清洁度标准使用Ⅱ级液压油。

②机油检查及补充。

a. 机油检查(图 3-38)。

使用前或装车运输前，打开机油注入盖，使用机油尺测量机油箱内油量，如油量不足，发动机禁止启用，需要加注机油后方可启用。

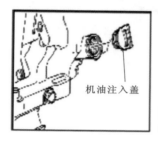

机油注入盖

正确的油位

加机油，最好有一个小漏斗

图 3-38　机油检查

b. 机油添加(图 3-39 和图 3-40)。

图 3-39　机油加注口　　　　　图 3-40　机油加注操作

c. 机油使用条件。

要求使用四季通用机油，推荐型号为 15W-40 或 10W-30，加注 1.1L 即可，等级选用 API 服务 SE 类型或更高级别。

d. 机油更换。

定期检查机油油位，及时补充，每 6 个月应更换一次。

③燃油检查及补充。

a. 燃油检查(图 3-41 和图 3-42)。

使用前或装车运输前,通过油箱面油量表读取油箱油量信息,如油量不足,发动机禁止启用,并及时加注燃油。

图 3-41　发动机油箱　　　　　　　　图 3-42　燃油检查

b. 燃油添加(图 3-43 和图 3-44)。

燃油添加有两种方法:

方法一:接入市电,展开支腿,将升降平台升起后,使用加油管通过燃油加油口,将燃油加入发动机油箱。

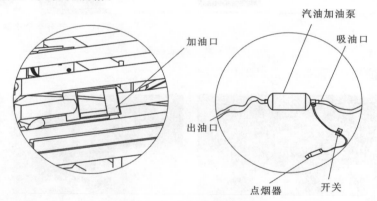

图 3-43　燃油加注方式

图 3-44　燃油加注操作

方法二：在平台收起状态下，通过汽油加油泵完成加油。将点烟器接入操作面板 DC12V 输出处，打开加油泵开关，即可对发电机添加汽油。

（4）装置功能测试。

①照明装置投用前，配置专业设备操作人员。

②使用前对照明装置进行功能检查（图3-45 和图3-46）：打开控制箱，检查所有开关，要求开关处于关闭状态；控制箱侧面急停开关应处于关闭状态（急停开关按下为关闭），检查完毕后关闭控制箱。检查升降遥控器，确保遥控器急停开关处于关闭状态。

图 3-45　装置检查

图 3-46　控制面板功能检查

③使用前对照明装置进行组件检查（图3-47）：检查灯塔底盘、剪叉、剪叉液压系统、灯具支架、云台等结构是否有异常形变、开裂老化、结构错位等异常状况。

图 3-47　组件检查

（5）通电测试。

①打开控制箱后，先打开电池开关，再将发电机启动钥匙插入启动孔，旋转钥匙，启动发电机（图 3-48），随后打开发电机开关（或市电开关，市电接口见图 3-49），最后打开总开关。

图 3-48　启动装置

图 3-49　市电接口

②打开照明开关，检查灯组能否正常照明。

③通过遥控器，操作"平台升"检验灯塔上升状况；操作"平台降"检验灯塔下降状况。最后复位灯塔，确保灯塔复位至初始状态。如图 3-50 所示。

图 3-50　灯塔伸缩测试

（6）装置装卸车操作。

①启动发电机或者接通市电。

②确保灯具升降杆处于降落最低状态（初始位置），且云台复位。

③将摆臂展开90°至装卸孔并固定（图3-51）。

④按下遥控器"支腿全伸"按钮，伸出四条液压支腿；待率先触地的支腿触地后，暂停"支腿全伸"功能（长短差异不超过50mm）；单独调整支腿至装置整体水平；再次按下遥控器"支腿全伸"按钮，上升至满足装卸车的高度后，运输车倒入装置底部即可。

⑤卸下装置移动辅助轮，收回液压支腿和摆臂，插好安全销轴（图3-52）。

⑥使用绳索对装置进行捆绑、固定，确保绳索绑扎结实、无松动，装置紧固、不移动。

图3-51　支腿就位

图3-52　安全销轴

⑦卸车过程同理，摆臂展开，操作支腿伸出，待车体脱离接触车厢后，运输车驶出，再按下遥控器"支腿全降"按钮，支腿降下。支腿降下差异较大时，须单独调整支腿至装置整体水平，再下降至装置触地。

3.设备操作步骤

（1）装置就位操作。

①场地选择：选择平坦、坚硬地面，空旷、无遮挡位置。

②供电操作。

a.发电机供电操作：先打开电池开关（图3-53），将发电机钥匙插入发电机面板上的启动孔，旋转钥匙至启动"开"状态，发电机启动后，松开钥匙，钥匙回至"启动状态"，打开"发电机开关"，再打开"总开关"。

b.市电供电操作：将市电引入电控箱侧面市电接口（图3-54），打开"市电开关"，再打开"总开关"。

图 3-53　打开电池开关

图 3-54　市电接头插接

③摆臂展开：拔出摆臂固定销轴，将摆臂调整 135°至照明孔（图 3-55），并插上安全销轴。

④垫板铺设：将支腿垫板平铺在四条液压支腿正下方，如图 3-56 所示。

图 3-55　照明孔选用

图 3-56　支腿垫板铺设

⑤支腿伸出：按下遥控器"支腿全伸"按钮，首条支腿触地后松开按钮，单独调整其余支腿至触地，再次按下遥控器"支腿全伸"按钮，上升至运输车辆可从装置最低点顺利驶出的安全高度即可，最后将车驶出装置底部。

⑥辅件安装：安装移动辅助轮（图 3-57），插好安全销轴；将接地线地锚镶入地下（图 3-58），再将装置接电线和地锚连接；将警戒带插装于液压支腿顶端，互相卡接，形成合围。

【注意】
　　①装置装卸车时，将摆臂调整 90°至装卸孔，并插上安全销轴后才可操作。
　　②装置就位操作时，将摆臂调整 135°至照明孔，并插上安全销轴后才可操作。

图 3-57　已安装好的移动辅助轮

图 3-58　接地线地锚镶入地下

（2）装置调平操作。

①将摆臂调整135°至照明孔并插上安全销轴锁定，铺设支腿垫板，打开遥控器开关。

②按下遥控器"支腿全伸"按钮，待率先触地的支腿触地后，松开"支腿全伸"按钮。装置调平：第一步，观察装置水平仪（图3-59），分别调整支腿至装置整体水平；第二步，微调四条液压支腿，确保支腿处于撑实状态，同时保持装置底盘不能离开地面。

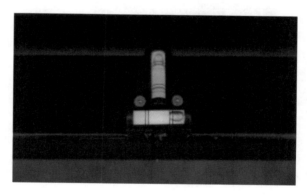

图 3-59　装置水平仪

（3）平台升起操作。

按下遥控器"平台升"按键，升起照明平台（图3-60）至照明需要的高度，并固定（图3-61）。

（4）照明灯盘控制。

①按下控制面板照明方位控制区"预备"按键，灯盘升起至最高位置，按键亮起。

②灯盘旋转操作（图3-62）：通过控制区"水平正转""水平反转""竖直正转""竖直反转"按键调整照射方向和角度。

图 3-60　平台升起操作

图 3-61　平台固定

图 3-62　灯盘旋转操作

【注意】

　　灯盘组件在复位状态即 0°，水平顺时针可旋转 0°～358°，竖直顺时针可旋转 0°～135°。

　　(5)使用完毕回收(图 3-63)。

　　①关闭灯组。

　　②按下"预备"键，取消预备状态；再按下"复位"键，装置自动收缩至初始状态；复位完成后再次按下"复位"键，取消复位状态。

　　③按住遥控器"平台降"键，平台下降至初始位置。

　　④收回支腿：液压支腿全部收回后，将摆臂调整至 0°回收孔(图 3-64)，并插上安全销轴。

　　⑤关闭照明装置电源和遥控器电源。

图 3-63　灯组回收

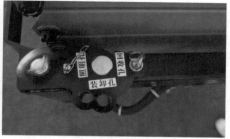

图 3-64　回收孔选用

4.辅件应用

（1）移动辅助轮（图 3-65）的装拆。

将装置上升至合适位置，把移动辅助轮插入脚轮安装位，对准孔位插入固定销轴，如图 3-66 所示。同理，拔下安装销轴，实现辅助轮的拆卸。

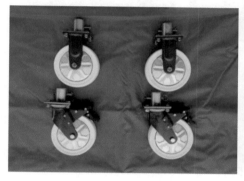

图 3-65　移动辅助轮

图 3-66　移动辅助轮安装

【注意】
　　装置运输时，移动辅助轮必须拆下。

（2）抗风绳安装。

①装置工作现场地面松软、不平整、有坡面、风力达到 5 级及以上，必须使用抗风绳。

②安装时，抗风绳一端捆绑在装置固定环上，另一端捆绑在嵌入结实地面的钢地锚上。

5.紧急状况处理

①遇紧急情况，按下遥控器"急停"按钮或电控箱右侧"急停"按钮（图 3-67），紧急停运装置。

②装置工作过程中遇突发事件无法正常作业时，需将平台降至初始位置，此时缓慢打开泄压阀（图 3-68），平台降至初始位置后关闭泄压阀。

【注意】

①设备正常工作时禁止使用泄压阀。

②泄压阀逆时针旋转为打开，顺时针旋转为关闭。

图 3-67　急停按钮　　　　　　　　　图 3-68　泄压阀

6. 装置维护及保养

(1)发电机的维护及保养。

①发电机保养。

a. 发电机电池必须每月充电，确保电池电量在 85% 以上。

b. 机油灯亮起时严禁使用，及时补充机油，每 6 个月应更换一次。

②机油更换。

a. 启动发电机，预热 5min 后关闭。

b. 取下机油注入口盖。

c. 将油盘放在机油箱排油口下方，取下螺栓排出残油。

d. 安装垫圈和排油螺栓，然后拧紧螺栓。

e. 注入机油。

机油箱结构如图 3-69 所示。

(2)发动机的维护及保养。

①发动机保养。

a. 发动机空气滤清器，每 6 个月或运行 100h 须清洁一次。

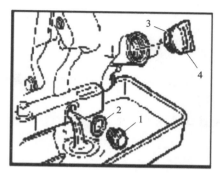

图 3-69　机油箱结构

1—排油螺栓；2—垫圈；3—"O"形圈；4—机油注入口盖

　　b.发动机火花塞(图 3-70)每 6 个月或 100h 应进行周期检查,根据需要进行清洁或更换。

　　②火花塞更换。

　　a.取下火花塞帽和火花塞,如图 3-71 所示。

　　b.检查火花塞是否变为黑色或焦黄色。

　　c.安装火花塞,使用扳手拧紧。

　　火花塞结构如图 3-72 所示。

图 3-70　发动机火花塞

图 3-71　火花塞拆卸

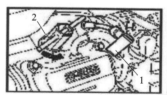

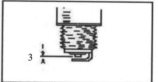

图 3-72　火花塞结构

1—火花塞帽；2—火花塞；3—火花塞间隙

四、总结

1.重点

(1)发电机启动:启动前做好环境、机组及用户侧设备检查;运行中做好油位、角度、风速等重点项目监视。

(2)严格执行照明装置日常保养及维护要求,熟练掌握大型照明装置操作流程及各组件功能。

2.难点

(1)掌握异常状态识别方法,熟悉装置异常处置方法。

(2)掌握装置运输过程和液压支腿找平方法。

3.要点

(1)照明装置运输、使用前的检查。

(2)照明装置工作位置选择。

第四章 破拆工具操作

一、破拆概述

1. 破拆的概念

破拆是指在创建营救通道、空间和营救被困伤员过程中对不能直接移动或直接移动困难的建筑物构件所采取的分解、切割、钻凿、扩张、剪切等解体措施。

2. 破拆目的

创建营救通道,分解压在伤员身上的重物。

3. 操作基本程序

(1)穿戴个人保护装备。

(2)选择合适的工具。

(3)确保工作区域无危险。

(4)开始破拆。

4. 破拆方式

根据破拆构件的材质、形状、大小、厚度等确定最佳破拆方式和方法,并选用最适合的破拆工具。破拆方式包括:

(1)切割(图 4-1)。板、柱、条、管等材料分离、断开可采用此方式。

(2)钻凿(图 4-2)。楼板、墙体穿透可采用此方式。

图 4-1　切割　　　　　　　图 4-2　钻凿

（3）扩张/挤压（图4-3）。分离、啮碎破拆对象可采用此方式。

（4）剪断（图4-4）。金属板、条、管等材料断开可采用此方式。

图4-3　扩张/挤压

图4-4　剪断

二、破拆工具简介

1.破拆工具的用途

破拆工具主要在发生火灾、地震、车祸时和突击救援情况下使用，快速破拆、清除防盗窗栏杆、倒塌建筑钢筋、窗户栏等障碍物。

2.破拆工具的分类

破拆工具分为手动破拆工具组（图4-5）、电动破拆工具（图4-6）、液压破拆工具（图4-7）、机动破拆工具（图4-8）、气动破拆工具等。

图4-5　手动破拆工具组

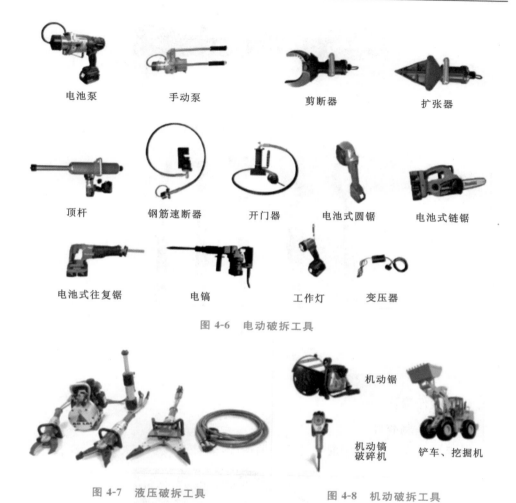

电池泵　　　手动泵　　　剪断器　　　扩张器

顶杆　　钢筋速断器　　开门器　　电池式圆锯　　电池式链锯

电池式往复锯　　　电镐　　　工作灯　　变压器

图 4-6　电动破拆工具

机动锯

机动镐破碎机　　铲车、挖掘机

图 4-7　液压破拆工具　　　　图 4-8　机动破拆工具

三、手动破拆工具组的基础知识和使用方法

(一)用途与结构

手动破拆工具组无须动力,是手动作业单人携带操作的救援工具。其配有凿、切、砸、撬工作方式的工作头,是一种理想的手动破拆工具,特别适用于地震初期救援工作,可破拆墙体建筑、楼板、车辆的门窗、锁具等,在其他救援器材无法使用的情况下,可以迅速解救被困人员。

其采用高强度工具钢锻造,强度大、韧性好、经久耐用。包括伸缩冲击臂(图 4-9)和各类工作头(图 4-10)。

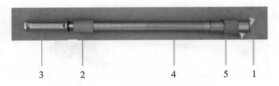

图 4-9　伸缩冲击臂

1—卡钩；2—手柄锁母；3—手柄杆；4—冲击杆体；5—工作头锁母

撬皮器　破锁拔钉器　宽錾刀　窄錾刀　尖凿

图 4-10　各类工作头

(二)操作流程

1.拧松手柄锁母

单手握住冲击杆体,逆时针拧松手柄锁母,如图 4-11 所示。

图 4-11　拧松手柄锁母

2.插入工作头

工作头根部六方孔对准冲击杆前端六方孔,按住卡钩将工作头插入孔中,如图 4-12 所示。

图 4-12 插入工作头

3.卡钩挂住工作头

松开按住的卡钩,拧紧工作头锁母(图 4-13),确保进行冲击操作时工作头不会掉出。

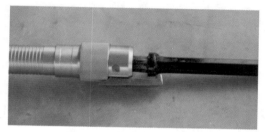

图 4-13 拧紧工作头锁母

4.冲击操作

将工作头的头部对准需要破拆的部件(图 4-14),一只手充分提拉手柄至上止点(图 4-15),然后用力下砸,使冲击力量完全集中在冲击杆的工作头部,重复此动作多次,直至达到破拆目的,如图 4-16 所示。

图 4-14 工作头对准
需要破拆的部件

图 4-15 提拉
手柄至上止点

图 4-16 破拆

5.其他破拆操作

冲击杆还可以当作撬棍使用(图4-17),实施简单的撬动作业。运用不同的冲击头,还可以完成切(砸)断钢筋(图4-18)的操作。

图4-17　冲击杆当作撬棍使用　　　　　图4-18　切(砸)断钢筋

(三)注意事项

(1)冲击杆当作撬棍使用时,尽量将手柄杆完全插进冲击杆体内,而且须将手柄锁母锁紧,否则容易出现冲击杆滑动时意外伤害操作者的不良后果。

(2)冲击杆当作撬棍使用时不可以撬过重的物体,同时在撬动作业时也不要用力过猛,要量力而行,因为冲击杆不是一根整体的撬棍,所以现场需要试探性使用。

(3)需将手柄杆完全拔出冲击杆体至上止点,当作撬棍使用时,需要保证将手柄锁母完全锁死,避免因松动而发生砸手事故。

(4)当完成冲击作业收起工具前,要将手柄完全退回冲击杆体内,并将手柄锁母锁死,便于下次使用,同时避免手柄滑出伤人。

四、液压破拆工具的基础知识和使用方法

(一)双输出液压机动泵的基础知识和使用方法

双输出液压机动泵(简称液压泵)以内燃机或电动机为运行动力,泵将液压油箱的油通过延长管输送到工具从而产生压力,液体分配由升降阀门控制。双输出液压机动泵结构如图4-19所示。

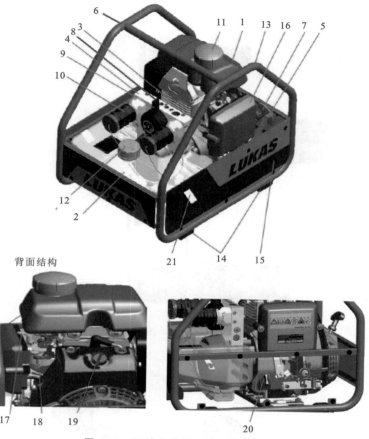

图 4-19 双输出液压机动泵结构图

1—汽油箱；2—液压油箱；3—发动机及液压泵；4—控制阀连接阀块；5—调速杆；
6—手扶把手；7—启动拉手；8—控制阀操纵杆；9—"TURBO"双倍流量控制阀；10—单接口（阴口）；
11—油箱盖；12—液压油箱加油盖；13—框架；14—框架橡胶垫；15—侧面保护架；16—空气滤清器；
17—风门；18—燃油开关；19—发动机开关；20—发动机机油加油口；21—油面指示窗

1. 连接油管/设备

（1）单接口连接。

单接口快速接口分为阳口和阴口，如图 4-20 所示。

接口连接前，拆下接口上的防尘帽，然后将阳口和阴口对接，转动内部锁紧套筒并指向"1"位置，直到锁紧套筒进入规定位置，即完成连接。断开连接时，转动锁紧套筒至"0"位置即可。

（2）使用防尘帽。

防尘帽 A 上有两个沟槽 B。将销钉 C 导入沟槽就可以将防尘帽插入接口阴口，随后转动锁紧套筒进入 B 位置，完成防尘帽连接，如图 4-21 所示。

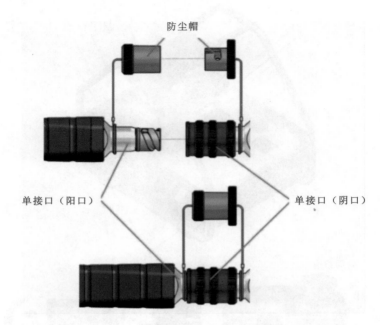

防尘帽

单接口（阳口）

单接口（阴口）

图 4-20   单接口

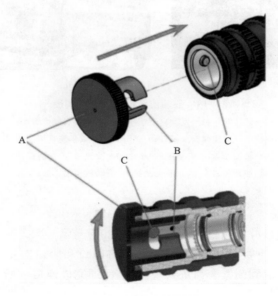

A

C

B

C

图 4-21   防尘帽连接

A—防尘帽；B—沟槽；C—销钉

2.液压泵操作

（1）启动准备。

①首次使用液压泵时的准备工作。

a.注入液压油,确保液压油刚好位于液压油面指示窗口的最大位置及最小位置之间,如图 4-22 所示。

图 4-22　液压油面指示窗口

b.向汽油箱中加注汽油至汽油油箱水平标识的较低边缘。如果设备置于倾斜平面,注意不要加油至油箱的最大油量处。

c.准备好液压泵。

d.使液压泵上的操作阀处于静态压力下,打开油箱盖,使空气进入油箱。

e.松开泵体的放气螺钉(图 4-23),将液压泵向后倾斜 45°～60°(图 4-24),使油从放气螺钉处流出。

P630SG泵板　　　放气螺钉

图 4-23　放气螺钉

图 4-24　液压泵向后倾斜 45°～60°

若油已从放气螺钉处流出,证明空气已从泵体中放出,拧上放气螺钉并将设备置于水平位置。

　　f.重新检查液压油量,如有需要则进行添加。

　　g.用延长管连接救援设备。

【注意】
　　在第一次调试前或在长时间存放后启动液压泵时,必须重新检查液压泵的油量。此液压泵使用4冲程机油,切记不能在加油时将机油与液压油混合,以免损坏设备。

　　②调试(第一次加油后或使用前)。

　　a.检查液压油和汽油油量,如有需要则进行添加。加油时,为了准确观察油位,需要尽可能将液压泵置于水平位置加油。

　　b.使用延长管或油管卷盘连接救援设备。

　　(2)操作步骤。

　　开机前将控制阀杆(图4-25)置于中位(即无压位),如图4-26所示。

图 4-25　控制阀杆　　　　　　图 4-26　控制阀杆中位示意图

　　①启动发动机。

　　a.打开燃油阀。燃油阀位置如图4-27所示。

　　b.将发动机开关旋转至"ON"位置,如图4-28所示。

　　c.当冷启动时,将风口开关杆从A(进风)位置拨到B(阻风)位置,如图4-29所示。

　　d.拉启动绳。启动绳位置如图4-30所示。

燃油阀

图 4-27 燃油阀位置示意图

图 4-28 发动机开关旋转至"ON"位置

风口开关杆

图 4-29 风口开关杆拨到 B 位置

启动绳

图 4-30 启动绳位置示意图

e. 发动机启动后，将风口开关杆拨回 A 位置，如图 4-31 所示。

②熄灭发动机。

a. 将发动机开关旋转到"OFF"位置，如图 4-32 所示。

风口开关杆

图 4-31 风口开关杆拨回 A 位置

图 4-32 发动机开关旋转至"OFF"位置

b. 发动机停止后关闭燃油阀。

【注意】

不要触碰发动机，以防造成严重烫伤。

(3)操作完后拆卸设备。

工作一旦完成,在关闭液压泵前,要将所有连接的设备都回收至原始位置,然后关闭发动机。

①如果在关机的情况下拆卸油管,需要参考"单接口连接"部分所描述的方法进行断开。

②同时确保已将防尘帽盖回单接口。

③清洁液压泵上的固体杂质。

④如果设备需要存储很长一段时间,需要对设备表面进行彻底的清洁,对机械移动部分进行润滑,同时需要将燃油箱清空。

⑤避免在潮湿的环境中储存液压泵。

(4)保养。

使用 200 次左右后,或每 3 年需要更换液压油 1 次。液压油排放具体步骤如下(图 4-33):

①将液压泵置于较高处,以便能轻易地触摸到液压油排放螺钉。

②将液压油收集容器置于排放螺钉下方。

③松开液压油盖和排放螺钉,让液压油流入收集容器。

④拧紧排放螺钉。

⑤将新的液压油倒入液压油箱并盖上液压油盖。

⑥打开泵体的放气螺钉,放气 1 次。

图 4-33　液压油排放

A—排放螺钉;B—液压油盖

(5)故障排除。

双输出液压机动泵故障排除及解决方法如表 4-1 所示。

表 4-1　　　　　　　　　　　双输出液压机动泵故障排除及解决方法

故障	检查	原因	解决方法
内燃机不启动	检查油箱内燃油量	燃料箱空了	加满燃料
	检查发动机开关	启动线缆未正确使用	正确使用启动线缆
		发动机风门未打开	打开发动机风门
	检查空气滤清器	空气滤清器污染	清理或更换空气滤清器
发动机已运行，手控阀打开但连接的救援设备不运行或运行得很缓慢	检查油管	油管未连接好	重新将油管连接好
	检查阀门	控制阀开关未置于"中位"或拨向连接设备的一边	将控制阀开关置于"中位"或拨向连接设备的一边
	连接不同的工具，检查其是否正常工作	之前连接的工具（设备）不能正常工作	维修工具（设备）
	检查接口	单接口（阴口）不能正常连接	更换单接口（阴口）
连接好的救援设备手控阀拧到最大后工具未到达最大位置	检查液压油箱内的油量	液压油箱内液压油量不足	加液压油至液压油面指示窗口的最大位置
液压油从油箱中泄漏	检查设备是否处于待工状态以及液体是否从注油盖流出	救援设备的液压油回流量超出储罐的最大量值	排放出部分液压油，使液压油面处于指示窗口的最小位置
	液压油从其他地方流出	从密封件、油箱、油管流出	更换有液压油泄漏的相应部件，或由经销商修理
液压油呈乳白色	—	进水乳化	立即更换液压油
油管不能连接		压力过高（例如，外部环境的极温导致）	转换阀块至静压回路
		接头损坏	立刻更换接头
液压油从油管接头处泄漏	—	接头损坏	立刻更换接头

（二）液压救援顶杆的基础知识和使用方法

当液压扩张器的扩张距离不够时，可用液压救援顶杆来撑顶或者抬升物体，如移走坍塌房屋的混凝土，从而解救被困人员。液压救援顶杆采用的是双向液压缸，拉伸/退回都是由液压控制，运动方向通过星状手控阀来控制。

1.液压救援顶杆结构

液压救援顶杆结构如图 4-34 所示。

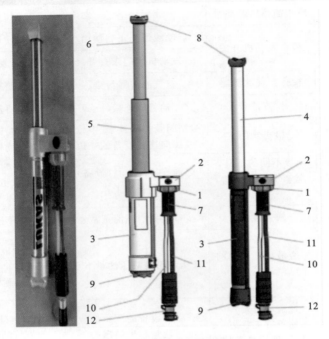

图 4-34　液压救援顶杆结构

1—星状手控阀;2—阀体;3—液压缸体;4—活塞杆(单级顶杆);

5—初级活塞杆(双级、三级顶杆);6—次级活塞杆(双级、三级顶杆);

7—后手柄;8—活塞端支撑头;9—缸体端支撑头;10—压力管;11—回流管;12—单接口(阴口)

2.液压救援顶杆连接

油管由快速接口(阳口和阴口)与液压泵连接,此时可进行快速插拔。

3.液压救援顶杆操作

(1)准备工作。

①将设备连接到液压泵上。

②在无负荷的情况下彻底打开和回缩顶杆两次。

③检查动力装置。

(2)操作星状手控阀。

①伸出活塞。沿顺时针方向转动手柄,转向 ■ 符号方向并保持在该位置。

②收回活塞。沿逆时针方向转动手柄,转向 ▬ 符号方向并保持在该位置。

③止回。释放手柄,星状手控阀自动回到中位,如图 4-35 所示。

图 4-35 释放手柄

④支撑(图 4-36)。

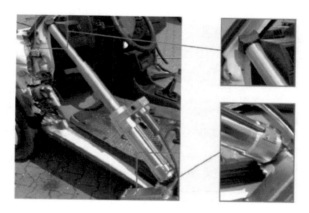

图 4-36 支撑示意图

4.设备拆卸/停止操作

完成工作后,液压救援顶杆要收回到留有几毫米距离的状态,释放设备的液压和机械张力。

5.保养及维修

本设备属于高机械压力设备,每次使用后都要进行外观检查和拉伸/缩回、星型手柄控制功能测试。

(1)常规保养。

设备外表要定期清洁,以免腐蚀。金属表面要经常抹油。

(2)功能和负荷测试。

如果设备的安全性或可靠性存疑,必须进行功能和负荷测试。

（3）更换液压油。

设备在使用大约 200 次或者最多 3 年之后必须更换液压油。更换附带泵（机动/手动泵）之后，也要更换液压油。

6.故障排除

液压救援顶杆故障排除及解决方法如表 4-2 所示。

表 4-2　　　　　　　　　液压救援顶杆故障排除及解决方法

故障	检查	原因	解决方法
油缸活塞移动缓慢或抖动厉害	检查油管是否连接正确、泵是否正常工作	液压系统中有空气	排气
设备力量不够	检查动力泵液压油量	泵内液压油不充足	增加液压油，排气
松手后，星状手控阀不能回到中位	星状手控阀盖损坏或星型手柄难以转动	扭转弹簧损毁、星型手柄或星状手控阀有脏污、阀门失效、其他机械损伤	找厂家进行修理
连接不上油管（单接口）	—	压力过高（周围温度太高引起）	把液压泵设置为无压循环
		接头损坏	立刻更换接头
经常无法连接液压油管（单接口）	控制使用的液压油的黏度和使用温度	液压油不适用于该工作情景	立刻更换液压油
		接口故障	立刻更换接口
接口无法连接（双接口系统）	泵是否正常工作	压力过高	给泵泄压
		接口故障	立刻更换接口
液压油管或者接口有液压油泄漏	液压油管是否失效	泄漏或者故障	更换液压油管

（三）液压扩张器的基础知识和使用方法

1.液压扩张器结构

液压扩张器是液压驱动活塞通过对称的机械接头闭合两个相同扩张头来扩张物体。扩张臂的闭合也是通过活塞相反的运动来实现的。液压扩张器结构如图 4-37 所示。

2.连接设备

该工具端有两根短油管，通过短油管与泵连接。

单接口连接前，拆下防尘帽，连接阳端接头和阴螺纹接头，转动内部锁紧套筒指向"1"位置，直到锁紧套筒进入规定位置。将锁紧套筒转向"0"位置，可断开连接。

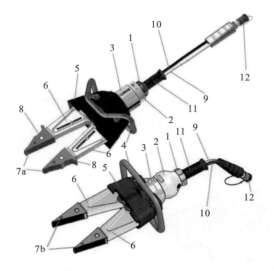

图 4-37 液压扩张器结构

1—星状手控阀;2—控制阀;3—液压油缸;4—手柄;5—护套;6—扩张臂;

7a—具有撕裂功能的带链条孔的多功能刀头;7b—带链条孔的菱形扩张头;

8—链条锁紧销;9—进油管;10—回油管;11—后手柄;12—单接口(阳口)

3.操作

(1)准备工作。

①将设备连接到液压泵上。

②在无负荷的情况下彻底打开和关闭扩张器的扩张臂两次。

③检查动力装置。

液压泵启动前,要确认气动阀处在泄压状态。在连接设备之前,液压泵的气动阀门设置为泄压状态。如果使用单接口连接,可以在液压油管带压时进行连接。

(2)操作星状手控阀。星状手控阀位置如图 4-38 所示。

星状手控阀

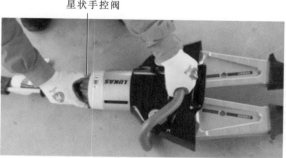

图 4-38 星状手控阀位置

①开启设备。沿顺时针方向转动手柄,转向 ▶ 符号方向并保持在该位置。

②关闭设备。沿逆时针方向转动手柄,转向 ▬ 符号方向并保持在该位置。

③止回。释放手柄,星状手控阀自动回到中位,以完全确保负荷支撑功能。

(3)扩张。

扩张头仅用来增加缝隙。当使用扩张头凹槽大约一半位置的时候可以实现全部扩张力。在扩张头后部扩张区能得到最大力量。扩张头和扩张头正确使用示意分别如图 4-39 和图 4-40 所示。

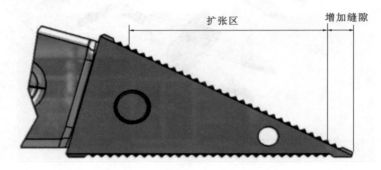

图 4-39　扩张头

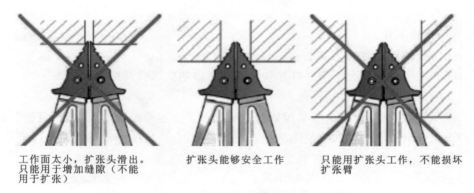

工作面太小,扩张头滑出。只能用于增加缝隙(不能用于扩张)　　扩张头能够安全工作　　只能用扩张头工作,不能损坏扩张臂

图 4-40　扩张头正确使用示意图

4.拆卸设备

(1)闭合扩张臂。

液压扩张器完成工作后,要将扩张臂闭合并留有几毫米的间距,以减轻设备内部的液压和机械张力。

(2)关闭液压泵。

完成工作后,要停止液压泵。

（3）拆下油管。

拆下连接液压泵和设备的压力油管，把防尘帽装回接口上。

五、总结

1. 重点

手动破拆工具组、液压破拆工具的使用。

2. 难点

双输出液压机动泵、液压救援顶杆及液压扩张器的维护及保养。

3. 要点

破拆方式（切割、钻凿、扩张/挤压、剪断）选择。

第五章 冲锋舟(橡皮艇)操作

一、水上救援

(一)水上救援简介

冲锋舟(橡皮艇)常用于水上救援。水上救援包括海事水上救援、洪涝灾害水上救援及其他水上救援,涵盖了水上应急救援指挥、侦测、信息采集、物资供应以及救援方案、水上救生方式方法等内容。

(二)水上救援安全注意事项

(1)熟练掌握各类装备的操作方法,明确各类装备适宜的救援环境和灾害特点。

(2)严禁将救援绳结死扣套在救援人员或被困者身上。

(3)入水救援时,严禁佩戴抢险救援头盔和灭火防护头盔,正确佩戴水盔。

(4)在力量部署时,应结合救援人员实战经验和技能熟悉程度对救援区域进行划分。

二、冲锋舟(橡皮艇)和舷外机组成

(一)冲锋舟(橡皮艇)组成

冲锋舟(橡皮艇)(图 5-1)主要用于休闲娱乐、抢险救生、海事任务,分为三种展现形式,即玻璃钢冲锋舟、海帕伦式冲锋舟、充气式冲锋舟。玻璃钢冲锋舟及海帕伦式冲锋舟主要用于武警、部队执行重要任务时,常用的充气式冲锋舟即橡皮艇冲锋舟,不仅方便运输携带,也易于安装。冲锋舟(橡皮艇)由铝合金底板、坐板、船桨、充气泵、排水阀、船头拖绳及安全绳等组成(图 5-2)。

(二)舷外机主要功能部件

冲锋舟(橡皮艇)可以用船桨手动划行,也可以由舷外机提供推力,水上多用舷外机驱动。舷外机主要由启动拉手、风门开关、燃油箱、油门把手、艉板夹紧螺栓、倾斜调整销、防涡流板、螺旋桨、排气口、熄火开关、机油注入口、空滤器、高压包、启动器等组成,如图 5-3 所示。

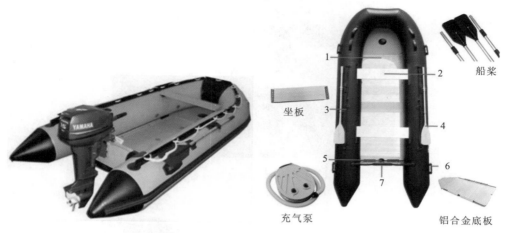

图 5-1　冲锋舟（橡皮艇）

图 5-2　冲锋舟（橡皮艇）组成
1—底板；2—坐板；3—安全绳；
4—船桨；5—排水阀；6—把手；7—艉板

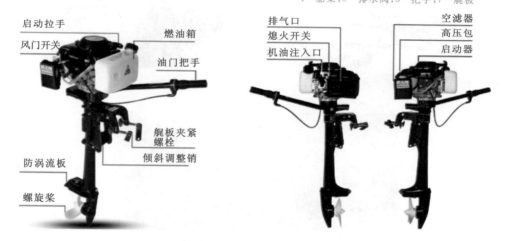

图 5-3　舷外机组成

舷外机主要功能部件包括：

（1）急停开关安全索（图 5-4）。

（2）急停开关（图 5-5）。

（3）外置燃油箱（图 5-6）和单向油泵（图 5-7）。

图 5-4　急停开关安全索

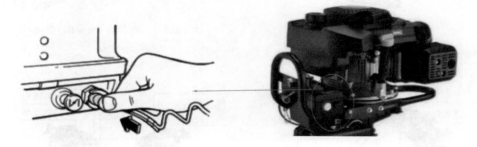

图 5-5　急停开关

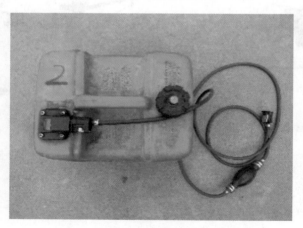

图 5-6　外置燃油箱

图 5-7 单向油泵

(4)换挡杆(图 5-8 和图 5-9)。

图 5-8 换挡杆

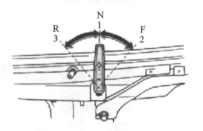

图 5-9 换挡杆挡位

1—空挡"N";2—前进挡"F";3—倒退挡"R"

(5)阻风门按钮(图 5-10)。

图 5-10 阻风门按钮

（6）手动启动手柄（图5-11）。

图 5-11　手动启动手柄

（7）操舵手柄（图5-12）。

图 5-12　操舵手柄

（8）油门握把（图5-13）。

（9）油门指示器（图5-14）。

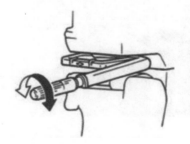

图 5-13　油门握把

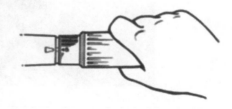

图 5-14　油门指示器

（10）油门摩擦调节器（图5-15）。

图 5-15　油门摩擦调节器

（11）纵倾调整杆（图5-16）。

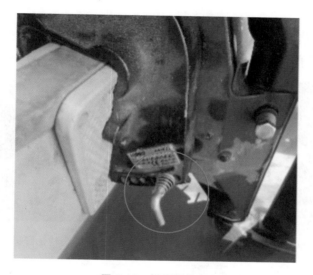

图 5-16　纵倾调整杆

三、冲锋舟(橡皮艇)操作流程

（一）安装准备

（1）清理安装场地附近的硬物。

（2）将艇打开并放平。

（3）查验气阀的弹簧杆是否关上，逆时针方向旋转直至弹簧杆凸出（图5-17）。

图 5-17　弹簧杆凸出

（二）安装底板

按图 5-18～图 5-21 所示顺序依次安装底板。

图 5-18　安装 1 号板

图 5-19　安装 2 号板

图 5-20　安装 4 号板

图 5-21　安装 3 号板

（三）安装支架、船桨

（1）用船桨将一边船底托起后，安装支架，装好一边再装另一边。

（2）安装船桨时，需注意拧紧桨帽（图 5-22）。

图 5-22　拧紧螺帽

（四）充气

（1）用可调节气压和开关的电气泵充气（图 5-23）。

图 5-23　用电气泵充气

（2）充满气后盖好气阀盖。

（五）上舟前检查事项

（1）确认现场环境是否安全。

（2）检查自我防护穿戴是否正确。

（3）检查舟艇是否安全。

（4）检查随艇装备是否齐全。

（5）检查通信设备是否正常。

（六）下水行驶

1. 桨划式行驶

桨划动作要领：操作人员侧身坐于艇沿，重心微向内，目视前方，划桨时要护好桨头，避免误伤队友，注意划桨动作的协调一致，如图 5-24 所示。

图 5-24　划桨动作

2.舷外机驱动式行驶

(1)舷外机的安装。

①安装步骤。

a.两名操作手从箱内将舷外机抬起,引向艇的艉板以外。

b.将悬挂支架卡入艉板,移动舷外机至艉板中心线上。

c.用手旋紧夹紧固定螺杆。

d.将安全绳的一端系于艇体上。

e.调整悬挂倾斜角,使舷外机与水面保持垂直。

f.检查安装水位线,确保安装水位线与水面接近。

②选择正确的安装位置,如图 5-25 和图 5-26 所示。

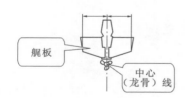

图 5-25　舷外机安装位置示意图

图 5-26　舷外机正确安装位置

③紧固舷外机。

将舷外机放置于艉板上,找到正确位置,均衡紧固艉板夹紧螺栓,如图 5-27 和图 5-28 所示。

(2)启动舷外机前的检查。

①检查燃油系统。

②检查燃油过滤器。

③检查操舵手柄及油门握把。

④检查急停开关安全索。

⑤检查发动机及螺旋桨。

⑥安装顶罩，扣紧锁定杆。

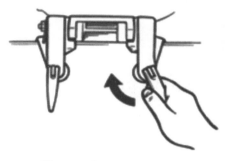

图 5-27 紧固艉板夹紧螺栓

图 5-28 紧固舷外机

（3）舷外机启动。

①输送燃油。

a. 将燃油箱盖上的排气螺钉拧松 2 圈或 3 圈，排空油箱内空气后再将其拧紧。

b. 将燃油管线一端牢固地连接于发动机的接头上，另一端牢固地连接于供油箱的接头上。

c. 挤压启动注油泵，同时保持箭头向上，直至感觉油泵杆变紧。

②启动舷外机。

a. 将齿轮换挡杆置于空挡位置。

b. 将急停开关安全索系于操作者的衣服、手臂或腿部的安全处。

c. 将油门握把置于"启动"（START）位置。

d. 完全拉出/转动阻风门按钮。发动机起动后，将阻风门按钮转至第二挡或第三挡以预热发动机。当发动机完全预热后，将阻风门按钮转回原始位置。

e. 缓慢转动手动启动手柄，直至感觉到阻力，然后用力向外拉动曲轴，启动发动机，必要时重复此操作。

f. 舷外机启动后，将手动启动手柄缓慢转至原始位置，然后放开。

g. 将油门握把缓慢转回至完全停止位置。

③发动机预热后检查。

a. 换挡检查。

b. 停止开关检查。

（4）舷外机换挡。

①挂前进挡或倒退挡。

油门处在急速状态，将换挡杆稳且快速地向前（至前进挡）或向后（至倒退挡）

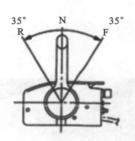

图 5-29 挂挡角度示意图

转动约 35°,如图 5-29 所示。

②挂空挡。

油门处在怠速状态,将换挡杆稳且快速地移到空挡位置。

(5)加油。

逆时针旋转油门握把。

(6)停船。

回至怠速状态后,水的阻力会使船停止。

(7)离岸要领。

①两手严禁把扶于船舷外侧,应紧抓船舷内不锈钢管或缆索。

②发动机怠速运转 3~5min,观察排水孔应正常排水。

③确定左右船距。

④确定前进航线。

(8)停止舷外机。

①推按舷外机急停开关,或将主开关转至"OFF"(关)。

②停止发动机之后,紧固燃油箱盖上的排气螺钉,并将燃油旋塞杆调节至关闭位置。

③使用外置燃油箱时,断开燃油管线。

(9)靠岸要领。

①关键是把握舟艇自由冲程。

②早松油门早减速,靠岸点位早确定。

③提前 50m 慢松油门减速。

(七)拆卸回收

(1)拧开气阀盖,打开全部气阀后,再压下弹簧杆并顺时针方向锁住。

(2)拆除铝支架,拆除中间踏板后再拆船头板和船尾板。

(3)将船底向下,先把船舷两边折向船身,再由船尾折向船头。

(4)保存前应保证船体干燥,以防发霉,船应保存在清洁干爽的地方。

(5)所有船布都可用洗洁精和清水清洗。

四、冲锋舟(橡皮艇)及舷外机日常保养

(一)冲锋舟(橡皮艇)日常保养

(1)对船体进行冲洗,对外漆面进行维护。

(2)对挂机处舳板进行检查。

(3)做支架固定存放,防止表面磨损。

（4）装卸冲锋舟（橡皮艇）要注意平衡、固定。

（二）舷外机日常保养

1.使用后储运

（1）冲洗冷却水通道,清洗舷外机表面。

（2）储存和运输舷外机时,断开舷外机上的燃油管线。

（3）不得使用倾斜支撑杆或倾斜支撑钮。

（4）长时间储存时,将化油器内的燃油排出。

（5）紧固燃油箱盖及排气螺钉。

（6）手柄向下侧放置,触地部位用软垫等铺垫。

2.定期维护

（1）清洁和调节火花塞。

（2）检查或更换齿轮油。

五、总结

1.重点

（1）掌握冲锋舟（橡皮艇）组装流程。

（2）掌握舷外机操作流程。

2.难点

（1）掌握冲锋舟（橡皮艇）离岸、靠岸要领。

（2）掌握舷外机的启动。

3.要点

掌握桨划的动作要领。

第六章　无人机灾情勘测

一、架空输电线路无人机灾情勘测概述

无人机灾情勘测往往对时间响应要求高,要求开展应急状态下的特定巡检,以便及时掌握灾情。目前,无人机勘测因具有响应速度快、覆盖范围大、勘测质量高、安全可靠等优点,已成为电网巡维、灾情勘测工作中不可或缺的手段之一。

二、主要灾情种类

(一)覆冰灾情

架空输电线路常年处于户外环境中,冬季导线及杆塔出现覆冰的情况频繁发生,轻则导致导线覆冰舞动、金具损坏、绝缘子覆冰闪络等,重则引发断股断线、倒杆倒塔。

(二)山火灾情

山火灾情导致输电线路跳闸通常是因为山火造成空气热游离而形成输电线路放电通道,致使导线对地面物体放电,引发电网停电事故。同时山火还会破坏生态环境,对周边居民的安全产生威胁。

(三)地质灾情

地质灾情主要包括地震、滑坡与垮塌、山洪、泥石流、地质沉降等。其中,地震易引发杆塔中间及底部发生倒塔,可能造成输电线被拉断并触发连锁倒塔、导线断线等;滑坡与垮塌主要是由雨季等自然条件的影响和下边坡弃土不当等人为破坏造成的。

三、无人机灾情勘测类型

(一)覆冰灾情勘测

无人机通过载有高精度变焦可见光相机和红外相机对覆冰区域进行勘测,掌握架空输电线路覆冰状况并查找线路故障。

（二）山火灾情勘测

无人机上搭载有多光谱相机，由无人机操纵手遥控无人机飞行至火场处200～1000m高度，确定火场坐标、火场面积、火场边界以及火场蔓延趋势。

（三）地质灾情勘测

无人机通过低空遥感系统对地质灾情监测区域进行飞行航摄。对已发生的地震、滑坡与垮塌、山洪、泥石流、地质沉降等地质灾情地域进行实时勘测，及时、全面地回传灾情现场照片及视频信息。

四、无人机现场勘测作业

（一）人员配备

（1）无人机操纵手：主要负责多旋翼飞行操作，保证设备的安全。
（2）安全员：负责载荷控制，同时负责勘测作业的流程管理与安全管理。
（3）驾驶员：负责运输设备与地勤协助。

（二）转场前准备

1. 资料收集

当需要勘测输电线路情况时，收集和整理作业线路的台账数据，包括杆塔 GPS 坐标、杆塔高程信息数据、近期天气气象信息、灾情信息以及后勤保障信息等。

2. 装备准备

装备准备清单如表 6-1 所示。

表 6-1　　　　　　　　　　　　　　　　装备准备清单

工作项目	工作内容	备注
机体及设备	1. 确认机体外观； 2. 确认机体完整性； 3. 确认设备外观及功能	出现问题及时更换、维修
设备检查	1. 确认电源与充电器功能正常； 2. 检查动力电池、图传电池； 3. 检查遥控器、地面站（注意电池的损耗）、图传接收机、摄像机、相机	外场人员做好设备的检查工作，对无法工作的设备及时进行更换
机体组装	1. 碳桨安装； 2. 图传发射天线固定； 3. 载荷安装及加固	保证机体具备飞行状态（即具备飞行和回传信息的能力）

3. 设备充电

对于本地飞行任务，可在作业前提前确认设备状态并完成电池的充电工作，以便任务当天快速进入作业飞行。

对于远途飞行任务,存在人员、设备分批抵达的情况,人员到达后需对设备进行检查,电池进行充电。

4.空域申请

无人机在起飞前,需要向有关飞行管制部门提出划设临时飞行空域的申请。

(三)无人机勘测作业流程和方法

1.明确勘测任务

明确灾情勘测内容,以便搭载相应载荷进行现场实时勘测。

2.作业前准备

再次确认现场及物资情况。

3.现场布置准备

到达作业场地后,作业人员根据现场情况布置设备。

(1)外场人员选取视野开阔、无遮挡的区域架设地面站、图传接收机等设备。

(2)外场作业人员要在无人机与设备间留出 5m 的安全距离。图传接收天线和电台发射端间留有 1m 左右距离。现场布置如图 6-1 所示。

图 6-1　无人机勘测作业现场布置

4.勘测方法

(1)航迹规划。

对于需要程控飞行的作业任务,在地面站拟好初步的航迹规划,在起飞前按实际情况进行相应的调整,以便对任务执行区域中的重点目标进行勘测。

(2)地面静态联试。

设备连接后,外场作业人员对设备上电并进行地面静态联试,并做好记录,具体工作内容如表 6-2 所示。

表 6-2　　　　　　　　　　　地面静态联试工作内容

工作范围	负责人员	工作内容
1. 无人机状态； 2. 地面站状态	无人机操纵手	1. 确认电池满电状态；6S 动力电池空载电压应大于 25V，3S 电池空载电压应大于 12V； 2. 打开遥控器，无人机上电，拨动遥控器飞行模式控制开关，确认无人机信号指示灯正常； 3. 检查电机与桨叶转动状态； 4. 地面站连接电台，确认地面站软件正常； 5. 确认地面端与无人机端通信状态良好； 6. 确认场地 GPS 信号良好
1. 云台状态； 2. 图传状态	安全员	1. 确认云台加电后能够自检通过； 2. 确认云台姿态可控（云台自检后再进行载荷上电，注意对应接口，防止反插）； 3. 确认摄像机变焦可控； 4. 确认载荷工作正常； 5. 确认图传接收机存储空间足够； 6. 确认视频图像存储功能正常； 7. 确认图传地面站接收端显示正常

（3）试飞与动态联试。

地面静态联试无异常后，作业人员对系统进行短暂试飞与动态联试。确定无人机电机转动正常及拍摄影像回传正常。

（4）勘测作业。

作业任务采用手控飞行时，飞行步骤如下。

①打开遥控器，确认遥控器电量充足，屏幕显示正常。

②确认线缆与桨叶、云台留有间隙，如图 6-2 所示。

图 6-2　检查无人机

③无人机上电，把相机搭载在无人机云台上，如图 6-3 所示。

图 6-3　搭载相机

④检查图传接收机显示屏显示的图像质量。

⑤观测飞行器上的信号指示灯闪烁是否正常。两翼闪烁红灯、两翼闪烁绿灯为正常。当两翼闪烁黄灯时，不能起飞，需要检查遥控器与无人机的连接以及 GPS 信号值。当 GPS 信号良好时，把遥控器按键中间的飞行模式调到 P 挡，如图 6-4 所示，即在 GPS 姿态模式下飞行。

图 6-4　遥控器飞行模式调节

⑥确定飞行器信号指示灯正常后，执行掰杆动作。

使用遥控器执行图 6-5 所示的两种掰杆动作即可启动电机。电机启动后，缓慢松开摇杆。

图 6-5　手动启动电机示意图

电机启动后,3s 内将遥控器油门摇杆慢慢推至 20% 以上,确定所有电机都正常工作后,再慢慢提油门使飞行器飞离地面(飞行器离地后,如果姿态不佳,则立即降落)。飞行过程中,油门摇杆不要拉至满量程 10% 以下。

⑦无人机操纵手在遥控无人机飞行(图 6-6)的过程中,视线紧盯遥控器屏幕,并与安全员保持沟通,掌握无人机高度、距离、机载电池电压及飞行时间等信息,正确判断无人机飞行状态并及时完成对灾情的勘测,同时对勘测内容进行拍摄。

⑧勘测任务完成后,无人机操纵手遥控无人机返回并安全降落,如图 6-7 所示。降落到地面后,无人机遥控器油门摇杆要迅速拉至最低,等电机停止转动后再松开摇杆。

图 6-6　遥控无人机飞行

图 6-7　无人机降落

作业任务采用地面站程控飞行时,飞行步骤如下。

①同手控飞行步骤①~⑤。

②确认地面站系统正常,关闭其他会导致端口冲突的软件。

③打开地面站软件,点击"航线飞行",选择"创建航线"—"建图航拍",如图 6-8~图 6-10 所示。

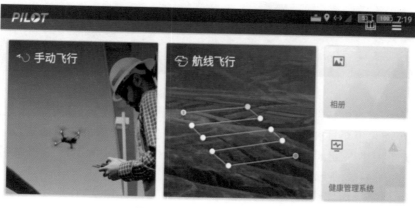

图 6-8　地面站软件页面图

图 6-9　创建航线

图 6-10　建图航拍

　　④点击需要进行勘测的区域,生成测区,拖动测区边界点,调整测区范围。点击软件界面右上角展开符号,点击"选择相机",选择当前相机使用的焦段,并打开"智能摆动拍摄",此时,系统将根据设定的测区,规划一条摆动拍摄的航线,如图 6-11 和图 6-12 所示。

　　⑤在同一界面继续设置参数。根据需要,设置云台角度,作业中,云台将根据该角度,朝五个方向转动(一般云台角度设置为－45°)。云台角度设置完成后,进

图 6-11　拍摄航线规划

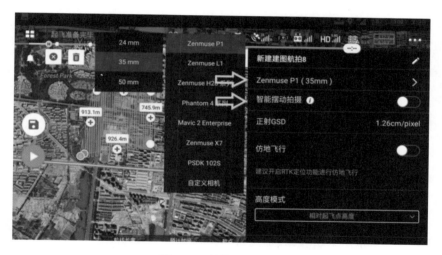

图 6-12　拍摄航线生成

行高度设置,对架空输电线路来说,高度一般设定为高于塔顶 15m(被摄面相对起飞点高度设置为 0m)。点击"高级设置",设置旁向与航向重叠率以及主航线角度。"负载设置"中,对焦方式默认选择为首航点自动对焦,畸变矫正保持关闭。如图 6-13～图 6-15 所示。

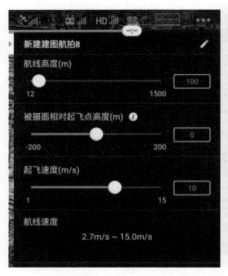
图 6-13　高度设置

图 6-14　参数调整

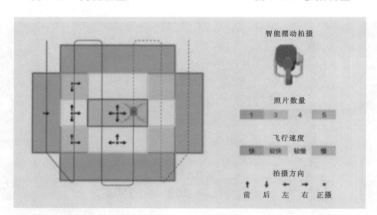
图 6-15　云台拍摄示意图

⑥航线设置完成后,保存当前参数。

⑦打开右下角相机界面,推荐相机模式为 M 挡,ISO 设置为 AUTO,并根据现场情况设置快门(Shutter)与光圈(Aperture),EV 值保持为 0,如图 6-16 所示。

⑧相机设置完成后,手动控制无人机起飞,飞至勘测区。

⑨无人机到达勘测区后,切换到"地图"界面,点击右边三角形符号进入"飞行准备"界面,如图 6-17 所示。在"飞行准备"界面,确认完成动作、失控动作、飞行模式等项目是否正确,确认周围环境安全后,点击执行。

图 6-16 相机设置

图 6-17 进入"飞行准备"界面

⑩降落工作。在程控飞行模式下,当无人机到达既定航线最后一点悬停稳住后,无人机操纵手切换到手动飞行模式,手动控制无人机安全降落。

⑪设备整理及撤收(图 6-18)。无人机着陆后,按如下步骤进行整理及撤收:

a. 数据备份。

b. 计算机及图传接收机等设备断电,天线等设备连线断开。

c. 无人机桨叶拆除并装箱。

d. 工具清点并装箱。

图 6-18　设备整理及撤收

5. 上报

对勘测内容进行现场汇报(图 6-19),以便应急指挥部实时了解灾情信息,及时制订救援计划。

图 6-19　现场汇报

(四)无人机灾情勘测注意事项

无人机灾情勘测注意事项如表 6-3 所示。

表 6-3　　　　　　　　　　无人机灾情勘测注意事项

序号	类别	注意事项
1		夜晚住宿停车注意设备防盗
2	设备安全类	时刻关注天气情况,做好防雨、防冻工作
3		运输过程中提前做好路况判断,避免剧烈震动

续表

序号	类别	注意事项
4	人员安全类	周围居民活动考察,考虑是否需要封锁道路
5		与当地村镇及电力公司沟通,协助通知居民
6		起降点尽可能远离居民活动区
7		踩点注意自身安全,做好预防工作
8		无人机起降过程中,除无人机操纵手外,其他人员尽可能远离起降点
9		紧急情况发生时,听从指挥有序撤离
10	飞行安全类	选好起降点,保证设备安全起降
11		首飞和起降尽可能远离输电线路
12		与无人机操纵手沟通,评估飞行风险点,提前做好预案
13		控制飞行安全距离,保证线路安全
14	后勤保障类	提前做好人员统计,合理安排食宿、停车、加油点
15	空域申请类	调查飞行区域周边禁飞区域
16		提前将飞行计划报空管部门审批

五、总结

1. 重点

无人机灾情勘测作业流程。

2. 难点

无人机程控飞行（自主勘测）。

3. 要点

无人机灾情勘测的方法。

第七章 森林草原火灾处置

一、森林草原火灾基础知识

(一)输电线路通道

森林草原火灾对输电线路通道危害极大。输电线路通道是指高压架空电力线路边导线,向两侧伸展规定宽度的线路下方带状区域。

在厂矿、城镇等人口密集区域,架空输电线路保护区可略小于上述规定区域,但各级电压导线边线延伸的距离,不应小于到现在最大计算风偏后的水平距离和与建筑物的安全距离之和。电压等级与边线外距离对应表如表7-1所示。

表 7-1　　　　　　　　　电压等级与边线外距离对应表

电压等级/kV	边线外距离/m	电压等级/kV	边线外距离/m
110(66)	10	±400	20
220~330	15	±500	20
500	20	±660	25
750	25	±800	30
1000	30	±1100	40

线路下方带状区域是指架空电力线路保护区:保护区宽度＝两个边相导线间距＋2×延伸距离。

(二)山火

山火(图7-1)是一种发生在林野并且难以控制的火情。山火发生必须具备三个条件:天气条件、可燃物和火源。前两者是必备条件,后者大多是人为因素引起的。近几年山火大多是由人类吸完烟后随手扔掉的烟头、故意纵火、雷击、线路故障等引发的。

图 7-1　山火

（三）山火引起输电线路跳闸原理

山火产生的高温易引起空气分子热游离，从而产生大量带电粒子，增加空气的导电性。一方面，带电粒子随高温气流和烟雾不断往上发展，导致导线周围空气间隙绝缘性能下降；另一方面，烟尘中的颗粒物被电场极化，趋向于沿着电场的方向排列成杂质"小桥"，增加了空气的导电性，而火焰本身具有一定的导电性，绝缘间隙被火焰覆盖时，可能直接在火焰中建立导电通道而引起放电。综合以上原因，山火易导致输电线路外绝缘的损坏而引起放电，导致跳闸。高温产生的绝缘间隙损坏会持续较长时间，跳闸后重合闸很难成功。

二、森林草原火灾处置方法

（一）现场判断与处置

（1）信息研判。

运维单位对现场山火信息进行研判，对可能危及线路安全的山火信息向本级调控中心汇报或提出退出重合闸（交流线路）、降压至 70% 运行（直流线路）、线路停运等申请，并继续跟踪，及时汇报现场火势情况。其中，直流线路降压运行条件：输电线路山火现场预警达到二级，且山火发展较快并向线路方向蔓延。

（2）线路预警。

运维单位根据电网山火预警，结合线路火点位置、燃烧面积、风速、风向、线下植被等现场情况，判定山火对线路运行的影响，确定线路山火预警等级。

（3）处置原则。

运维单位根据线路山火预警等级，开展相应的处置工作。输电线路山火预警等级及处置原则如表 7-2 所示。

表 7-2　　　　　　　　　　输电线路山火预警等级及处置原则

预警等级	预警条件	处置原则
一级线路山火预警	当山火发生在输电线路上风口,距离线路 500m 以内,线路附近植被可引起山火迅速蔓延至线路下方,且线路下方有树木等可导致线路跳闸的可燃物	运维人员根据现场风速、风向及火势情况进行综合判断,确认山火有可能引起线路跳闸时,应向调控中心提出线路停运申请
二级线路山火预警	当山火发生在输电线路上风口,距离线路 1000m 以内,线路附近植被可引起山火迅速蔓延至线路下方,且线路下方有树木等可导致线路跳闸的可燃物	运维人员应对现场火势情况进行观察,当发现山火发展较快并向线路方向蔓延时,应向调控中心提出退出重合闸(交流线路)或降压至 70% 运行(直流线路)申请
三级线路山火预警	当山火发生在输电线路上风口,距离线路 3000m 以内,线路附近植被可引起山火迅速蔓延至线路下方,且线路下方有树木等可导致线路跳闸的可燃物	运维人员应继续跟踪和及时汇报现场火势情况

(二)小范围山火灭火

小范围山火即初发山火,火势弱,面积小,只要扑火队伍及时赶到并实施扑救,火较容易被扑灭。当地运维班组通知上级单位,上级单位应立刻组织应急基干队伍到达现场进行山火扑灭工作。

(1)应急基干队伍到达现场后应先通过无人机观察火势(图 7-2)蔓延方向及速度,勘察完后,作出判断,得出结论,并向上级汇报现场情况。汇报内容包括线路位置、火势范围、是否可以进行灭火、车辆是否可以到达。

图 7-2　无人机观察火势

(2)应急基干队伍根据现场情况(地形、着火面积等)选用灭火装置和设备进行灭火。

(3)扑灭明火后,应急基干队伍逐个地方检查有没有火种残留,一经发现立即扑灭,防止山火复燃。

(三)大范围火灾请求政府灭火

对于某些特定情形下的山火,临近输电线路,运维单位不得自行组织灭火,而应先向主管部门上报信息(图 7-3)。当地(市)公司立即启动响应,电力调度控制中心接到火情报告后,立即调整电网运行方式,同时公司立即组织应急基干队伍,携带好灭火装置前往现场。到达现场后,应急基干队伍在输电线路通道靠近山火侧迅速砍伐防火隔离带,确保防火隔离带与输电线路的距离和宽度满足相关要求,阻碍火势蔓延(图 7-4),然后在地方政府统一组织下利用灭火装备参与灭火(图 7-5)。现场参与灭火队员必须清楚现场危险点情况和安全注意事项,在政府和专业消防人员的组织和指挥下,以确保安全为前提,使用灭火装备,按照灭火标准化作业流程参与现场灭火。

图 7-3　上报火灾信息

图 7-4　防火隔离带阻碍火势蔓延效果图

图 7-5　配合当地消防队伍及护林队一同参与灭火

灭火注意事项：

（1）进入火场时，时刻注意观察可燃物、地形、气象和火势的变化，同时选择安全避险区域或撤离路线，以防不测。

（2）一旦陷入危险环境，要保持头脑清醒，积极采取自救措施。

（3）遵守火场纪律，服从指挥，不得擅自行动。

扑救火灾具有极大的危险性，在火灾扑救中必须严格按照预案要求，服从统一指挥，科学扑救。

（四）装备配置

1. 强力灭火风机

强力灭火风机如图 7-6 所示。

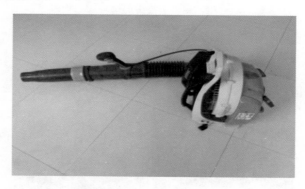

图 7-6　强力灭火风机

（1）使用方法。

先拉油门拉线并启动，把出风口对准火源，再扣动扳机进行灭火。

（2）优势。

强力灭火风机具有灭火速度快的特点,适用于火焰高度小于1.5m、风速小于4级以及火势较大、集体灭火的情况。

2.灭火拖把

灭火拖把如图7-7所示。

图7-7　灭火拖把

（1）使用要求。

扫打时,要一打一拖,切勿直上直下扑打,以免溅起火星导致燃烧点扩大。

（2）优势。

灭火拖把具有便于携带,成本低的优势。

3.油锯

油锯如图7-8所示。

图7-8　油锯

（1）使用步骤。

①使用前必须认真阅读油锯使用说明书，了解油锯使用的特点、技术性能和注意事项。

②使用前将燃油箱、机油箱的油料加足；调整好锯链的松紧度，不可过松也不可过紧。

③作业前操作人员要穿工作服，戴头盔、劳保手套、防尘眼镜或面部防护罩。

④发动机起动后，操作人员右手握住后锯把，左手握住前锯把，机器与地面构成的角度不能超过 60°，但角度也不宜过小，否则不易操作。

⑤切割时，应先锯断下面树枝，后锯断上面树枝，重的或大的树枝要分段切割。

（2）使用注意事项。

①经常检查锯链张紧度，检查和调整时请关闭发动机，戴上保护手套。张紧度适宜的标准是当链条挂在导板下部时，用手可以拉动链条。

②链条上必须总有少许油溅出。每次在工作前都必须检查锯链润滑和润滑油箱的油位。链条未润滑时绝对不能工作，如用干燥的链条工作，会导致切割装置损毁。

③绝对不要使用旧机油。旧机油不能满足润滑要求，不适用于链条润滑。

④如果油箱中的油位不降低，可能是润滑输送出现故障。此时应检查链条润滑及油路。通过被污染的滤网也会导致润滑油供应不良。应清洁或更换在油箱和泵连接管道中的润滑油滤网。

（3）优势。

油锯可用于快速清理隔离带中的树木。

4. 无人机

应急基干队伍到达现场后应先通过无人机（图 7-9）观察火势。

图 7-9　无人机

5. 全套阻燃服

全套阻燃服如图 7-10 所示。全套阻燃服在火场中可以保护灭火人员免受明火或热源的伤害。

图 7-10　全套阻燃服

6. 防尘面罩

防尘面罩(图 7-11)是减少或防止空气中粉尘进入人体呼吸器官从而保护生命安全的个体保护用品。

图 7-11　防尘面罩

防尘面罩主要用于含有低浓度有害气体和蒸气的作业环境。滤毒盒内仅装吸附剂或吸着剂。有的滤毒盒还装有过滤层,可同时防气溶胶。

【注意】

　　有些军用防毒面罩,主要由活性炭布制成,或者以抗水抗油织物为外层,玻璃纤维过滤材料为内层,浸活性炭的聚氨酯泡沫塑料为底层,可在遭受毒气突然袭击时提供暂时性防护。

7. 正压式空气呼吸器

正压式空气呼吸器如图 7-12 所示。

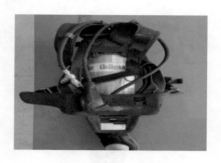

图 7-12　正压式空气呼吸器

正压式空气呼吸器主要用于在下列环境中进行灭火或抢险救援时：

①有毒、有害气体环境。

②烟雾、粉尘环境。

③空气中悬浮有害物质污染物的环境。

④空气氧气含量较低，人不能正常呼吸的环境。

8. 望远镜

望远镜(图 7-13)主要用于观察火势情况。

图 7-13　望远镜

(五)线路恢复运行

1. 恢复条件

当同时满足下列条件时，运维单位解除线路山火预警，并向调控中心汇报申请线路恢复正常运行。

(1)周边 500m 范围内明火被扑灭，30min 以上无复燃、无浓烟，主风向背离线路方向，或者火情向远离线路方向发展，距线路 1000m 以上，无回燃可能。

(2)检查线路绝缘子、导地线、光缆等设备无损伤，不影响线路正常运行。

2.运行监视

线路恢复正常运行后,运维班组持续监控(图 7-14),直至线路周边无火情发生,方可撤离现场。

图 7-14 运行监控

(六)上报事故报告

当山火被扑灭,线路恢复正常运行之后,当地单位应编写事故报告并上报。

三、总结

应急基干队伍灭火的前提是,在保障自身安全的条件下,熟练地使用灭火装置进行灭火,严禁在超出自己能力范围的情况下进行灭火。时刻记住安全是第一位。

1.重点

及时准确上报信息,熟练使用装备。

2.难点

现场火势研判。

3.要点

森林草原火灾监测预警。

第八章　电缆通道火灾处置

一、电缆通道火灾的主要特点

1. 起火迅速，不易控制

电缆的绝缘层和外保护层多为可燃物（图 8-1），一旦接触热源，很容易着火，且火势不易控制。

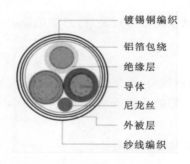

图 8-1　电缆内的可燃物

2. 高温有毒烟雾积聚，抢救灭火十分困难

电缆多放置于电缆沟、电缆夹层等密闭空间，电缆着火时，其绝缘材料、填充物等会释放大量如 CO、HCl 等有毒烟雾（图 8-2），给抢救灭火带来困难。

3. 损失严重，修复困难

电缆着火，常酿成火灾，不仅直接烧损大量昂贵的电缆（图 8-3）及其他电气设备装置，带来严重的损失，而且电缆修复极其困难。

二、电缆通道火灾事故原因分析

电缆通道火灾事故的原因有两个：一是电缆自身故障；二是外界因素。

图 8-2　电缆着火时产生大量有毒烟雾

图 8-3　电缆烧损

（一）电缆自身故障引发电缆通道火灾

（1）电缆中间接头制作工艺不良。

（2）电缆多次经长时间短路电流冲击，绝缘水平下降。

（3）地下电缆运行时，会因线芯与线芯间、线芯与屏蔽层间的绝缘击穿而产生电弧，造成电缆着火。

（4）电缆长期过负荷运行或保护装置不能及时切除负载短路电流，如图 8-4 所示。

（5）电缆本身质量不过关。

（6）电缆通道内防水措施不当。

（7）电缆长期工作温度为 70～90℃，易引起火灾。

（8）绝缘运行年限久，绝缘老化，容易造成电缆自燃。

图 8-4　电缆接地短路故障导致自燃

(二)外界因素引发电缆通道火灾

(1)施工时,由于电、气焊接火花飞溅而引起电缆着火。

(2)电缆在施工中受到机械性损伤,如图 8-5 所示。

(3)电缆通道未用耐火材料封堵。

(4)电缆通道内未按电压等级分层敷设。

(5)电气设备故障起火或其他杂物起火导致电缆着火。

图 8-5　地下电缆受到机械性损伤,造成短路故障

三、电缆通道发生火灾的征兆

(一)火灾消防报警系统发出警报

电缆火灾定温探测报警装置及其参数分别如图 8-6、表 8-1 所示。

图 8-6　电缆火灾定温探测报警装置

表 8-1　　　　　　　　　　电缆火灾定温探测报警装置参数

工作电压	DC24V	允许范围	DC20V～DC28V
静态电流	≤35mA	报警电流	≤40mA
报警温度	85℃	使用长度	≤200m
自复熔丝最大承受电流	100mA		
状态指示	上电稳定状态:绿色指示灯闪亮(频率约1Hz)		
	正常运行:绿色指示灯常亮		
	火警:红色指示灯常亮		
	故障:黄色指示灯常亮		
适用环境	适用温度:—10～+50℃		
	适用湿度(相对湿度):≤95%		
外壳防护等级	IP65	报警复位	断电复位
外形尺寸	信号处理器外形尺寸:180.0mm×125.0mm×55.5mm		
	终端盒外形尺寸:83.0mm×81.0mm×56.0mm		

（二）自动化站所终端故障告警

自动化站所终端设备如图 8-7 所示。

（三）环网柜继电保护装置动作告警

环网柜继电保护装置如图 8-8 所示。

图 8-7　自动化站所终端设备

图 8-8　环网柜继电保护装置

四、电缆通道火灾的预防

(一)电缆通道日常运维及消防专项整治

1. 强化电缆设备日常运维

(1)为电缆创造良好的运行环境。

(2)开展电缆预防性试验。

(3)加强对电缆头制作质量的管理和运行监测。

(4)定期对电缆连接的开关及保护装置进行校验。

(5)按照巡视周期对电缆通道进行巡视。

2. 开展电缆线路消防专项整治

采用封、堵、涂、隔、包、水喷雾等措施防止电缆延燃,如安装防火墙(图 8-9)、灭火弹(图 8-10),孔洞封堵(图 8-11),涂防火涂料(图 8-12)。

图 8-9　安装防火墙

图 8-10　安装灭火弹

图 8-11　孔洞封堵

图 8-12　涂防火涂料

3. 优化外界环境条件

（1）定期巡视通道外直埋或使用管线埋设的电缆线路。

（2）提高各级人员电缆防火意识，尽可能避免在电缆周围进行焊接、切割等带有明火性质的作业。

（二）电缆通道火灾应急体系建设

（1）成立火灾应急消防领导小组（简称应急领导小组）。

（2）制订事故应急预案，开展应急演练，如图 8-13 所示。

（3）储备电缆通道火灾应急资源，如图 8-14 所示。

图 8-13　火灾应急演练

图 8-14　应急资源储备

五、电缆通道火灾应急处置办法

（一）发现火情，立即汇报

发现火情人员应保持镇定，并立即向应急领导小组汇报火情，如图 8-15 所示。疏散火灾现场无关人员，保持安全距离，划定危险区域，清理火灾现场附近可能的易燃易爆物品，保证人身安全。

图 8-15　汇报火情

（二）拨打"119"申请援助

在向应急领导小组汇报火情后,应即刻拨打火灾报警电话"119",向消防部门申请援助。

（三）火情初步勘察

发现火情人员应对火灾现场进行初步勘察,查明火灾事故发生原因,判断火灾范围,如图 8-16 所示。

图 8-16　初步勘察

（四）线路停电处理

应急领导小组在收到火情汇报后,应立即通知应急抢险人员赶往现场处置火情。应急抢险人员到达现场后,向发现火情人员详细了解现场火情具体情况。由应急抢险人员联系调控中心,对发生火灾事故的线路及可能受到火灾情况影响的线路申请调整线路运行方式(停电或转负荷),如图 8-17 所示。

图 8-17　应急抢险人员正在申请调整运行方式

（五）物资调拨

应急领导小组通知应急抢险人员赶赴现场做先期处置，同时指派后勤保障小组紧急向现场调拨火灾救援物资、安全防护用具等，如图 8-18 和图 8-19 所示。

图 8-18　调拨火灾救援物资和安全防护用具

图 8-19　火灾救援物资和安全防护用具

火灾应急救援物资清单如表 8-2 所示。

表 8-2 火灾应急救援物资清单

序号	分类	名称
1	安全布防	安全警示标识等
2	作业防护设备	便携式气体检测报警仪
3		移动式强制通风设备(轴流风机)
4		强光防爆手电筒(头灯)
5		对讲机
6		安全绝缘梯
7		干粉灭火器
8		大功率发电机
9		电源盘
10	个人防护用品	正压式空气呼吸器
11		消防头盔
12		灭火防护服
13		消防手套
14		灭火防护靴
15		消防安全腰带
16	急救药品	医疗急救箱

(六)现场灭火

(1)应急抢险人员到达现场后,立即在危险区进行安全布防(图 8-20),设立安全警戒线,悬挂警示标识牌,疏散现场无关人员(图 8-21)。

图 8-20 现场安全布防

图 8-21 疏散现场无关人员

（2）打开起火点两侧电缆通道井盖，在井口处对通道内火势情况进行判断，如图 8-22 所示。

（3）在应急抢险人员进入电缆通道前，再次确认已断开事故电缆所有可能来电电源，防止发生人身触电事故。下井作业前，应先使用风机通风（图 8-23）再检测。通风使用轴流风机。

图 8-22　打开井盖，判断火势

图 8-23　使用风机通风

（4）使用便携式气体检测报警仪检测通道内氧气含量和有毒气体含量情况，并应每隔 5min 检测一次，如图 8-24 所示。

图 8-24　检测有毒气体含量

（5）应急抢险人员必须至少两人一组，检查并正确佩戴正压式空气呼吸器（图 8-25）；检查个人防护用品是否穿戴齐全、合格（图 8-26）；携带便携式气体检测报警仪、强光防爆手电筒（头灯）、对讲机、干粉灭火器进入电缆通道灭火。

图 8-25　佩戴正压式空气呼吸器　　　　　图 8-26　穿戴个人防护用品

　　（6）进入电缆通道的应急抢险人员，在通道内停留时间不宜过长，随时保持与地面人员的通信沟通。应急处置灭火时，注意防止中毒、窒息、触电、烫伤，且避免触碰导电部位。如图 8-27 所示，应急抢险人员正在灭火。

图 8-27　应急抢险人员正在灭火

（七）个人防护用品的穿戴与正压式空气呼吸器的使用

　　1. 个人防护用品

　　个人防护用品主要由以下五大部分组成：消防头盔、灭火防护靴、灭火防护服、消防手套和消防安全腰带，如图 8-28 所示。

消防头盔

灭火防护服

消防手套

消防安全腰带

灭火防护靴

图 8-28　个人防护用品

在穿戴个人防护用品时,应注意检查防护用品是否合格(图 8-29),是否出现外力损伤的情况,特别注意是否有被尖锐物品刺破和酸碱腐蚀情况的发生,并且防护器具的检验时间要在有效检验期内。

图 8-29　检查个人防护用品

2.正压式空气呼吸器

(1)正压式空气呼吸器的组成。

如图 8-30 所示,以 RHZKF6.8/30 型正压式空气呼吸器为例,主要由面罩、气瓶、瓶带组、肩带、报警哨、压力表、气瓶阀、减压器、背托、腰带组、快速接头和供给阀组成。

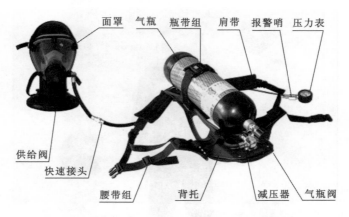

图 8-30 RHZKF6.8/30 型正压式空气呼吸器的组成

（2）正压式空气呼吸器的具体使用步骤。

①佩戴时，先将快速接头断开（以防在佩戴时损坏面罩），然后将背托放在人体背部（气瓶开关在下方），根据身材调节好肩带、腰带并系紧，以合身、牢靠、舒适为宜，如图 8-31 所示。

②将面罩上的长系带套在脖子上，使用前面罩要置于胸前，以便随时佩戴，然后将快速接头接好，如图 8-32 所示。

图 8-31 系紧腰带　　图 8-32 接好快速接头

③将供给阀的转换开关置于关闭位置，打开气瓶开关，如图 8-33 所示。

④戴好面罩（图 8-34）（可不用系带）进行 2～3 次深呼吸，应感觉舒畅。屏气或呼气时，供给阀应停止供气，无"咝咝"的响声。用手按压供给阀的杠杆（图 8-35 和图 8-36），检查其开启或关闭是否灵活。一切正常时，将面罩系带收紧，收紧程度以既要保证气密性又感觉舒适、无明显的压痛感为宜。

⑤撤离现场到达安全处所后，将面罩系带卡子松开，摘下面罩。

⑥关闭气瓶开关，打开供给阀，断开快速接头，从身上卸下呼吸器。

图 8-33　打开气瓶　　图 8-34　戴好面罩　　图 8-35　按压供给阀　　图 8-36　按压供给阀
　　　　　开关　　　　　　　　　　　　　　　　　　　杠杆 1　　　　　　　　　杠杆 2

(八)干粉灭火器的使用

干粉灭火器最常用的开启方法为压把法:将灭火器提到距火源适当位置后,先上下颠倒几次(图 8-37),使筒内的干粉松动,然后让喷嘴对准燃烧最猛烈处(图 8-38),拔去保险销(图 8-39),压下压把,灭火剂便会喷出灭火。

图 8-37　上下颠倒　　　　图 8-38　对准火源　　　　图 8-39　拔去保险销

六、收尾工作

在灭火工作完成后,对现场进行清理和隐患排查,对故障电缆进行抢修。具体包括清理现场、抢修电缆、清点人员、检查通道、恢复送电等工作。

(一)清理现场

在电缆通道灭火完成后,现场人员应全面清理打扫现场,确保现场未遗留火星或其他易燃物,如图 8-40 所示。

图 8-40　清理现场

（二)抢修电缆

快速进行受损线路设备抢修,对事故电缆周边电缆进行仔细排查,处理所有缺陷隐患,如图 8-41 所示。

图 8-41　抢修电缆

（三)清点人员

在电缆通道抢修工作完成后,指挥人员应清点参与抢修人员,确保现场无人员受伤或损失,如图 8-42 所示。

（四)检查通道

抢修工作完成后,工作班成员需对电缆通道内环境进行检查,确保无遗留物,明确是否已具备送电条件,如图 8-43 所示。

图 8-42　清点人员

图 8-43　检查通道

(五)恢复送电

对修复后的电缆进行送电,恢复其他线路原有运行方式。

七、总结

1.重点

(1)所有人员应严格按照火灾应急救援处置流程进行工作。

(2)在向应急领导小组汇报火情后,应即刻拨打火灾报警电话"119",向消防部门申请援助。

2.难点

(1)遇到火情不要慌张,保持镇定。

（2）检查正压式空气呼吸器和防护用品的安全性，并按照产品说明进行穿戴。

3. 要点

（1）在进行火灾应急救援时，所有人员应注意避免烧伤、中毒、触电的危险。

（2）进入电缆通道前，应严格执行有限空间作业"先通风、再检测、后作业"的规定。

（3）穿戴正压式空气呼吸器、个人防护用品时，必须先检查。使用时，时刻注意呼吸器的气压情况和个人防护服的安全情况。

教师讲义篇

第九章　卫星便携站操作

一、卫星便携站简介

卫星便携站主要组成部分有天线主机、会议终端以及相关附件。其中,天线主机的主要作用是与卫星建立通道,接收、发送卫星信号;会议终端的主要作用是与其他在线的卫星终端建立会议,进行音视频通话。卫星便携站共有 6 个包装箱,分别为天线主机箱、会议终端箱、天线瓣箱、附件箱、单兵主机箱和单兵附件箱等。

卫星便携站有 4G/LTE 通信、短波/超短波通信、VSAT 卫星通信、北斗通信、集群通信等通信系统。其中,VSAT 卫星通信广泛应用于应急通信中,下面作详细介绍。

(一)应急通信技术——VSAT 卫星通信

VSAT 卫星通信是以人造通信卫星作为中继的一种微波通信方式。

1. 卫星分类

(1)按轨道高度,卫星分为低轨道卫星、中轨道卫星、高轨道卫星。

(2)按轨道倾角,卫星分为赤道轨道卫星、极地轨道卫星、倾斜轨道卫星。

(3)按运转周期,卫星分为同步卫星、非同步卫星。

(4)按业务方式,卫星分为气象卫星、通信卫星、遥感遥测卫星、侦察卫星等。

2. 圆形轨道分类

在卫星系统中,最常用的是圆形轨道,其按照运行轨道划分为低轨(LEO)、中轨(MEO)、静止轨道(GEO)。LEO 系统的轨道高度为 500~1500km,MEO 系统的轨道高度为 10000~20000km,GEO 系统的轨道高度为 35786km(通常被粗略地称为 36000km)。

若在静止卫的圆形轨道上,以 120°的相等间隔配置三颗卫星,则地球表面上除南北极地区外,其余部分均在卫星波束覆盖范围之内,而且部分地区为两颗卫星波束的重叠区,借助于重叠区内地球站的中继,可以实现位于不同卫星覆盖区地球站之间的通信。因此,只要用三颗静止卫星就可以实现全球通信。

（二）VSAT 卫星通信系统原理

VSAT 卫星通信系统原理如图 9-1 所示。

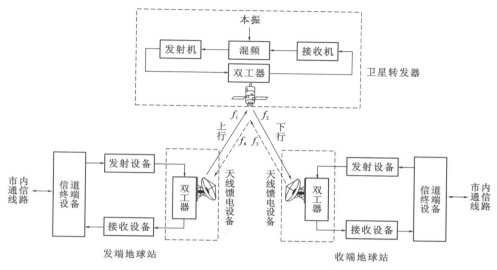

图 9-1 VSAT 卫星通信系统原理框图

（三）VSAT 卫星通信系统分类

VSAT（very small aperture terminal，其小口径卫星终端站），又称微型地球站或小型地球站，其天线直径一般为 0.3～2.4m。根据卫星通信设备的载体，一般将 VSAT 卫星通信系统分为固定式卫星通信系统、便携式卫星通信系统、静中通车载通信系统、动中通车载通信系统。

（1）固定式卫星通信系统由天线系统、集成终端系统（卫星调制解调器、视频会议设备、语音网关、数据交换）等组成。

（2）便携式卫星通信系统由自动寻星天线系统、集成终端系统（卫星调制解调器、视频会议设备、语音网关、数据交换、无线单兵）、发电机等组成。

（3）静中通车载通信系统由天线系统、调制解调器、数据交换设备、加密设备、视频会议设备、语音网关、无线单兵、数据交换、供电系统等组成。

（4）动中通车载通信系统由天线系统、调制解调器、数据交换设备、加密设备、视频会议设备、语音网关、无线单兵、数据交换、供电系统等组成。

（四）各类通信站的优点

1. 卫星固定站的优点

卫星固定站（采用固定式卫星通信系统）通常采用增益较高、传输性能较好的大口径天线，且卫星固定站在运行的过程中受环境的影响较小，运行比较稳定。

2.卫星便携站的优点

在通信车辆无法到达的区域,卫星便携站(采用便携式卫星通信系统)可以由少量人员搬运至应急现场,采用手动或自动寻星方式运行,具有组装简单、易于操作等优点。通过卫星便携站建立卫星链路,可实现语音电话、视频会议、数据信息及单兵图像采集等功能。

3.卫星通信车的优点

卫星通信车(根据卫星跟踪方式可采用静中通车载通信系统或动中通车载通信系统)是一个能够快速反应的通信系统与信息系统有机集成的平台,能综合各种应急通信资源,提供快速、及时的应急通信服务。

二、卫星便携站组装

1.电源连接

卫星便携站采用 AC220V 交流电接入,无论是采用市电还是发电机供电,务必选择合适电压的电源。

发电机供电启动麻烦、噪声较大、续航时间不持久,成本高。与发电机供电相比,市电更为稳定、可靠、持续。

2.会议终端箱线路连接

(1)将会议终端箱放置于桌面中央,打开会议终端箱及接口板保护盖。

(2)取出卫星天线电源线、卫星接收电缆、卫星发射电缆,依次连接天线底座后方的电源 AC220V 接口、卫星接收接口、卫星发送接口,并连接接地线。

(3)连接会议终端箱电源线至市电或发电机,将天线上连接的卫星接收电缆、卫星发射电缆按照标识连接到会议终端箱对应接口上。

(4)从附件箱中取出话筒座和话筒,将话筒的底部卡农插头调节至话筒座插座对应位置并插入。组装好之后,从附件箱中取出话筒专用线缆,话筒专用线缆一端连接到话筒座上,另一端连接到会议终端箱的话筒接口上。

(5)取出摄像头三脚架撑开,放置在地面平整的地方;从附件箱中取出 VHD-930 摄像头,将其固定在三脚架上。

(6)从附件箱中取出摄像头电源适配器,对应接入摄像头背面 DC12V 接口。

(7)从附件箱中取出摄像头视频信号 SDI 线缆,对应接入摄像头背面 3G-SDI接口。

3.单兵线路连接

(1)从单兵附件箱中取出语音天线及 2 个图像天线,从单兵系统 1 号附件收纳盒中取出天线吸盘,将 3 个天线吸盘与语音天线、2 个图像天线对应组装。

(2)从单兵系统 2 号附件收纳盒中取出 2 台滤波放大器,把 2 个组装好的图像天线吸盘的线缆头与 2 个滤波放大器的天线（RF IN）接口相连接。

（3）从单兵附件箱中取出语音天线连接线缆、2 根图像天线连接线缆。把语音天线连接线缆的一端与组装好的天线吸盘对应连接,另一端与会议终端箱的语音天线对应连接。2 根图像天线连接线缆的一端与滤波放大器的接收机（RF OUT＋DC）接口连接,另一端接到会议终端箱图像天线接口。

（4）从单兵主机箱中取出单兵背负机,接上单兵发射机发射天线 TX、单兵发射机接收天线 RX。

（5）从附件箱中取出耳麦,按会议终端箱标识接入会议终端箱侧面接口的 MIC 接口。

（6）从单兵系统 1 号附件收纳盒中取出一体式耳麦,插入单兵背负机 MIC 接口。

（7）从单兵系统 2 号附件收纳盒中取出单兵发射机电池、单兵发射机电池供电线。把单兵发射机电池供电线一端与单兵发射机电池连接,另一端插入单兵背负机的 DC IN 接口。

（8）从附件箱中取出摄像机,安装电池。从单兵系统 1 号附件收纳盒中取出专用 HDMI 线,一端接在单兵发射机下方的 HDMI 接口上,另一端接在摄像机 HD-MI 接口上。

4. L 波段射频线缆线路连接

从天线瓣箱中取出收/发 L 波电缆线与天线主机电源线（三根线绑在一起）。L 波电缆线（标有收/发标签）连接会议终端收/发的接口和天线主机相应收/发的接口;将绑在一起的电源线接到天线主机电源插口（注意看清接口卡槽,对准后按顺时针方向转动）。

5. 天线瓣拼接

（1）天线主机开启。天线主机加电 5s 后,电源指示灯由常亮变为闪烁,然后按下"一键通"对星按钮,天线主瓣缓缓升起。

（2）拼接天线瓣。打开天线瓣箱,按顺序取出天线瓣并完成拼接（天线瓣拼接锁处,按下顶部,将小把手旋转 90°,朝天线瓣方向按下）。

（3）完成对星。天线瓣拼接完成后,按下"一键通"对星按钮,天线锅转动,待天线锅静止,完成对星。

（4）打开 BUC 供电开关。"一键通"对星按钮灯常亮后,打开 BUC 供电开关,进行收发通信。

【注意】
　　所有人员应在天线锅背面活动,正面有强辐射。

三、卫星便携站使用

1.设备加电

(1)检查会议终端箱外接线路,若正常,则按下电源开关,此时按钮开关红灯亮起。

(2)VHD-930 摄像头加电。摄像头电源适配器一端插入市电,另一端接入DC12V 接口。

(3)若需要单兵工作,则按下单兵开关。同时单兵背负机加电,单兵背负机所配的摄像机加电。

2.辅助操作管理系统使用

(1)按下会议终端箱电源开关,等待系统自检,直至会议终端箱显示器出现辅助操作管理系统登录界面,点击"登录",进入辅助操作管理系统主界面,点击"链路状态",卫星状态指示灯亮(绿色)。

(2)按下天线底座侧面的"功放开关"按钮,确认功放状态指示灯(红色)常亮,等待辅助操作管理系统"链路状态"显示"已入网",链路状态指示灯亮(绿色)后,向国网中心站申请使用卫星带宽。

(3)等待辅助操作管理系统的"链路状态"显示"已开通",链路状态指示灯亮(绿色),说明卫星链路状态已正常工作。

(4)开通电话业务。确认辅助操作管理系统"链路状态"为"已开通"后,拿起电话听到拨号音,即可使用电话。

3.会议系统搭建

(1)完成上述步骤后,进入"视频会议"界面,"视频会议"界面会出现图像。

(2)使用遥控器输入需要呼叫的远端 IP 地址,按绿色电话键,等待 5s,则会议建立。

(3)通过会议终端箱连接的麦克风说话时,可从单兵背负机的耳麦听到声音;通过单兵背负机说话时,可从会议终端箱上的扬声器听见声音。

四、卫星便携站拆除

1.天线瓣拆除与收藏

会议结束后,先挂断会议,然后联系国网中心站释放卫星载波,等待国网中心站确认后再关闭"BUC"功放,按"一键通"按钮使卫星天线锅复位,根据天线瓣背面数字从大至小依次拆除天线瓣,天线瓣拆除后,再次按下"一键通"按钮,等待天线主机自动收藏。

2.L波段射频线缆线路拆除

天线主机收藏完成后,拆除天线主机连接的收/发L波电缆线,将其收藏至天线瓣箱中。

3.单兵背负机拆除

将单兵背负机摄像机及单兵电池、图像天线、语音天线依次拆除并收藏至单兵附件箱中,从会议终端箱上拆除天线吸盘线缆。

4.会议终端箱线缆拆除

依次拆除会议终端箱连接的L波射频电缆线、话筒线缆、摄像头线缆。

5.便携站设备断电关机

点击会议终端箱辅助操作管理系统右上角的"退出",返回系统桌面;在Windows界面下,点击左下角的"开始",选择"关机";等待会议终端箱系统关机后,按下会议终端箱电源开关。

五、卫星便携站操作注意事项

(1)所有设备禁止反复开关机!每次开机后如需关机,应待设备自检启动结束;设备关机后如需重新开机,至少应间隔1min,否则设备会因频繁开机而损坏。

(2)请在开箱前牢记设备、辅材摆放位置。一方面有助于在应急过程中能够快速有效地搭建设备;另一方面,按出厂位置准确摆放设备,有利于减少设备不必要损坏。

(3)请勿将天线主机和会议终端两设备卫星接收和卫星发射对应的接口接反。

(4)射频电缆连接一定要精准可靠,请勿过度弯折。

(5)单兵系统必须在天线连接完毕后方可开机。

(6)单兵系统必须在关机断开电源后方可拆卸天线。

(7)单兵发射天线必须远离显示设备。

(8)功放开关应在对准卫星之后开启,在通信结束且卫星链路关闭之后关闭。

(9)在未通知主站释放载波的情况下,禁止直接断电。

(10)会议终端箱关机时,必须先退出软件,关闭工控机,再关闭会议终端箱电源。禁止非法关闭工控机。

六、总结

1.重点

卫星便携站系统组成及使用。

2.难点

单兵线路连接。

3.要点

卫星便携站系统组成及使用方式。

第十章 生命搜救设备操作

一、生命探测仪基础知识

(一)生命探测仪简介

生命探测仪是一种用于探测生命迹象的高科技搜救设备,其应用信息检测技术,通过探测不同形式的波,进而识别被困人员所在的位置。

(二)生命探测仪分类

目前常用的生命探测仪有 CAMB-V500 音频生命探测仪(图 10-1)、BF-V8 音视频生命探测仪(图 10-2)和 LSJ 系列雷达生命探测仪(图 10-3)。

图 10-1 CAMB-V500 音频生命探测仪   图 10-2 BF-V8 音视频生命探测仪

图 10-3 LSJ 系列雷达生命探测仪

(三)生命探测仪的工作原理及适用环境

生命探测仪的工作原理及适用环境如表 10-1 所示。

表 10-1　　　　　　　　生命探测仪的工作原理及适用环境

探测仪名称	工作原理	适用环境
CAMB-V500 音频生命探测仪	应用了声波及振动波原理,采用微电子处理器和声音/振动传感器,进行全方位的振动信息收集,可探测以空气为载体的各种声波和以其他媒介为载体的振动,并将非目标的噪声波和其他背景干扰波过滤,进而迅速确定被困者的位置	用于地震、建筑倒塌、爆炸、滑坡、矿山事故等灾害现场的生命搜救
BF-V8 音视频生命探测仪	通过视频探头深入肉眼看不到的缝隙,将视频图像传输到主机显示屏上,使救援人员能够看到埋在废墟下的被困者,并与之进行交流	
LSJ 系列雷达生命探测仪	融合雷达技术、生物医学工程技术于一体,主要利用电磁波的反射原理,通过检测人体生命活动所引起的各种微动,从中得到呼吸、心跳的有关信息,从而辨识有无生命	用于港口、船舱、货柜、空屋等非法偷渡者可能藏匿地点的排查,军事危险区域及各种复杂障碍区域的搜救

二、CAMB-V500 音频生命探测仪

(一)设备组成

CAMB-V500 音频生命探测仪由主机、音频专用线缆 4 盘、专业降噪耳麦、音频探头 4 个、便携式移动电源、设备箱组成(图 10-4)。

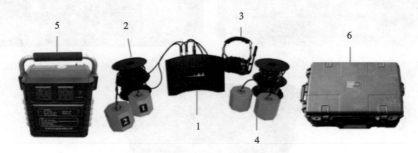

图 10-4　CAMB-V500 音频生命探测仪组成

1—主机;2—音频专用线缆;3—专业降噪耳麦;4—音频探头;5—便携式移动电源;6—设备箱

(二)设备功能

CAMB-V500 音频生命探测仪可以对被困废墟下的幸存者进行搜寻并实现快速定位,可以帮助救援人员更为便捷、快速、有效地判断幸存者的位置,从而大大降

低救援工作的盲目性和工作量,提高搜救效率。CAMB-V500 音频生命探测仪功能如表 10-2 所示。

表 10-2　　　　　　　　CAMB-V500 音频生命探测仪功能

序号	组成	功能
1	主机	显示音频波动信号
2	音频探头	反馈探测信号
3	声音通道	放大音频信号

【注意】
　　设备的工作温度为 $-20\sim60℃$;储存温度为 $-40\sim70℃$;最低充电温度为 $-5℃$;有效探测范围不大于 50m;工作时间不超过 8h;此设备无内部电源,需要配置移动电源方可工作。

(三)准备工作

(1)开箱检查音频生命探测仪是否完好无损,配件是否齐全。

(2)检查便携式移动电源电量是否充足(电量不低于 80%)。

(3)将主机电源线连接至便携式移动电源插座。

(4)连接电源,查看指示灯是否亮起,主机音频显示器有无波形。

(5)将音频探头、专业降噪耳麦与主机连接,给音频探头一个声音或者震动,检查耳麦是否有声音,主机音频显示器是否有波形,指示灯是否亮起。

(四)设备组装

(1)将专业降噪耳麦连接至主机侧方耳麦插孔。

(2)将音频探头连接至主机侧方音频探头插孔。

(3)将主机电源线连接至便携式移动电源。

(五)目标探测

(1)寻找合适的搜救位置,将音频探头放入搜救位置。

(2)救援人员戴上专业降噪耳麦,监听被困废墟下的幸存者声音(如呼喊、拍打、敲击等微弱声音),发现幸存者后,相应的探头指示灯会闪烁,从而找到幸存者的大致位置。

(六)常见故障及解决方法

CAMB-V500 音频生命探测仪常见故障及解决方法如表 10-3 所示。

表 10-3　　CAMB-V500 音频生命探测仪常见故障及解决方法

故障现象	原因分析	解决方法
主机音频显示器波形无反应	插孔插座未接好	检查线缆是否连接好
屏幕闪烁	电量不足	及时对电源进行充电

(七)保养及维护

(1)使用前,对音频探头缝隙进行清理。

(2)设备使用完毕,用干净(或蘸有温和肥皂水)的抹布轻轻擦拭配件。

(3)音频专用线缆严禁随意折叠。

(4)搬运时避免磕碰。

三、BF-V8 音视频生命探测仪

(一)设备组成

BF-V8 音视频生命探测仪由主机、手持伸缩杆、充电器、红外视频探头、360°旋转探头、水下 360°探头、蛇眼探头、专业降噪耳麦、探头连接线缆组成,如图 10-5 所示。

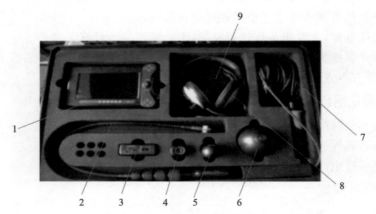

图 10-5　BF-V8 音视频生命探测仪组成

1—主机;2—手持伸缩杆;3—充电器;4—红外视频探头;5—360°旋转探头;
6—水下 360°探头;7—蛇眼探头;8—专业降噪耳麦;9—探头连接线缆

(二)设备的参数及功能

BF-V8 音视频生命探测仪的参数及功能如表 10-4 所示。

表 10-4　　　　　　BF-V8 音视频生命探测仪的参数及功能

序号	设备名称	参数及功能	实物
1	主机	一次充电工作时间大于 6h,可拍照录像,具有双向语音对讲功能	
2	红外视频探头	夜视距离大于 6m,内置扬声器和麦克风,拾音范围大于 100m²,不防水	
3	360°旋转探头	水平旋转角度 360°,上下翻转角度小于 180°,可实现双向语音对讲	
4	水下 360°探头	旋转角度 0°～360°,可视角度 92°,可视距离 0～2m	
5	蛇眼探头	镜头焦距 2～10cm(6cm 处最清晰),可视角度 56°	

(三)准备工作

(1)开箱检查 BF-V8 音视频生命探测仪是否完好无损,配件是否齐全。

(2)按下主机电源键,测试主机开机是否正常,画面显示是否正常,检查主机电源电量是否充足。

(3)将任意探头通过探头连接线缆连接到主机,并连接专业降噪耳麦,检查耳麦是否有声音,主机是否显示探测画面,语音对讲功能是否正常。

(四)探头的使用

1.红外视频探头的使用

(1)将红外视频探头与手持伸缩杆连接,锁紧。

(2)将探头连接线缆插头与主机对应的线缆插座连接。

(3)将专业降噪耳麦插头与主机对应的耳麦插孔连接。

(4)按下主机语音对讲、录像、播放、菜单、拍照、查看、切换等按键,即可实现语音对讲、录像播放等相应功能。

2.360°旋转探头的使用

(1)将360°旋转探头与手持伸缩杆进行连接,锁紧。

(2)将探头连接线缆与主机对应的线缆插座连接。

(3)四键可控制探头上下左右旋转。

> **【注意】**
>
> 禁止手动左右旋转探头,以免损坏探头;取下探头时,请勿拉拽旋转连接处。

3.水下360°探头的使用

(1)取出水下360°探头,与手持伸缩杆进行连接,锁紧。

(2)将探头连接线缆插头与主机对应的线缆插座连接。

(3)控制手柄按键说明。

①控制手柄上 LED 键可用于切换显示画面。

②在 $\dfrac{AUTO}{MANU}$(自动/停止旋转)模式下,按下 $\dfrac{SPEED}{R}$(向右旋转)键,可调整探头旋转速度。

③在 $\dfrac{AUTO}{MANU}$(自动/停止旋转)模式下,按下 $\dfrac{F/C}{L}$(向左旋转)键,主机屏幕右下方会显示字样 A(代表探头起始位置);继续按下 $\dfrac{F/C}{L}$(向左旋转)键,会显示字样 B(代表探头终点位置);设置完成后,探头可在设定的区域往复探测。

4.蛇眼探头的使用

(1)蛇眼探头与探头连接线缆插头连接,再将线缆插头与主机对应的线缆插孔连接。

(2)通过蛇眼探头手柄上的拨轮,可开/关蛇眼探头 LED 灯。

(五)目标探测

(1)按下主机红色电源按键。

(2)寻找合适的探测位置放入探头。

(3)通过探头将画面实时上传至主机,观察主机显示屏。

(六)常见故障及解决方法

BF-V8 音视频生命探测仪常见故障及解决方法如表 10-5 所示。

表 10-5　　　　　　　BF-V8 音视频生命探测仪常见故障及解决方法

故障现象	原因分析	解决方法
显示屏变为灰色	电量不足	对主机进行充电
旋转探头,上下翻转卡死	探头问题	轻轻辅助旋转探头

(七)保养与维护

(1)设备不使用时,应存放于干燥、清洁和安全的地方,以防损坏。

(2)经常对主机进行充电检查、保养及维护。

(3)探头连接线缆严禁随意折叠。

(4)搬运时避免磕碰。

四、LSJ 系列雷达生命探测仪

(一)设备组成

LSJ 系列雷达生命探测仪主要由雷达主机、手持终端、电池充电插槽、充电器组成,如图 10-6 所示。其中,雷达主机主要实现电磁波发射与接收,以及回波信号检测功能;手持终端主要负责终端监控软件的运行。作为搜救人员与雷达设备的交互平台,终端监控软件主要负责接收雷达探测的回波目标信息,供搜救人员实时观察;同时还可以向雷达主机传送控制命令与状态信息,实现搜救人员对雷达工作模式的无线切换,以及对雷达工作状态的实时监控。

图 10-6　LSJ 系列雷达生命探测仪组成

1—雷达主机;2—手持终端;3—电池充电插槽;4—充电器

(二)设备组装

(1)将充满电的电池安装到雷达生命探测仪顶部的电池盒中,关闭电池盒盖。

(2)打开雷达主机,按下电源按钮,电源指示灯亮,大约 45s 后红色无线指示灯亮,表示雷达主机已经自检完毕,准备就绪,可以用手持终端连接雷达主机。

(3)按下手持终端电源键,进入系统后,显示的操作界面如图 10-7 所示。

图 10-7　操作界面

　　(4)单击手持终端快捷菜单中的 LSJ 图标 ，启动雷达生命探测仪终端监控软件。若软件自动连接至雷达主机，手持终端左上方雷达状态显示"已连接"；若软件未自动连接至雷达主机，手持终端左上方雷达状态显示"未连接"。

　　(5)点击软件界面左上角 按钮，雷达主机和手持终端开始建立连接。当雷达状态显示"已连接"时，表明手持终端已经与雷达主机建立连接，可以进行目标探测。

【注意】
　　一般情况下，用户需手动打开安卓平板 Wi-Fi，再与雷达主机的 Wi-Fi 信号相连(点击主界面中的"设置"按钮即可打开 Wi-Fi)，雷达主机默认无线名为 Zennze_P×××(×××代表雷达主机的出厂编号)。

　　(6)探测参数：在进行探测操作之前，应根据实际的探测环境进行探测参数的设置，如图 10-8 所示。

　　探测参数主要包括：

　　①探测环境：分为空气、穿墙、废墟三种环境。

　　②测量距离：测量距离代表主机探测深度，分为 0~10m、0~20m、0~30m 三个选项。

　　③灵敏度：分为高、中、低三个等级，默认值为高。灵敏度高时，能减少目标探测时间。

　　④目标模式：分为单目标和多目标两种模式。单目标只对单个目标进行探测，多目标能对 2 个及以上的目标进行探测。

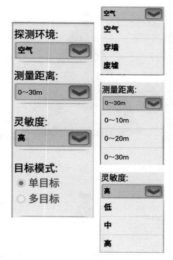

图 10-8　设置探测参数

（三）目标探测

（1）当参数设置完成以后就可以对目标进行探测。点击手持终端右下侧的"开始检测"后，此处文字立即显示为"停止检测"，再次点击"停止检测"，如图 10-9 所示。

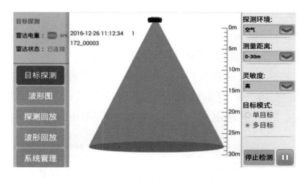

图 10-9　"停止检测"按钮

（2）当雷达主机探测到有目标出现后便会将目标所在位置显示在手持终端的中间显示区域。如图 10-10 所示，在 6.3m 处有一个静止目标；如图 10-11 所示，在 5.8m 和 15.3m 处各有一个静止目标，并且在 11.8m 处有一个移动目标。（红色代表静止目标，绿色代表移动目标）

（3）当确定目标位置后即可停止检测，或者点击"停止检测"后再重新检测一次，以便更加精确地确定该目标的位置。当点击"停止检测"以后手持终端即恢复到初始界面。

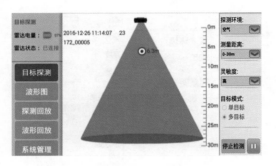

图 10-10　探测到一个静止目标

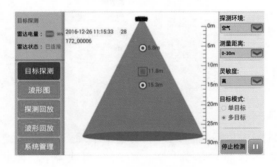

图 10-11　探测到多个目标

（四）系统管理

设备使用较长时间后,在雷达主机和手持终端上记录了大量数据文件。当储存容量不足时,需要删除雷达主机和手持终端上的存储文件。

（1）删除雷达主机上的存储文件:首先确保手持终端与雷达主机已经建立通信连接,滑动"系统信息"至"雷达主机文件管理"界面,点击要删除的文件,删除即可（此时文件列表显示的是雷达主机中存储的文件）,如图 10-12 所示。

图 10-12　雷达主机文件管理界面

（2）删除手持终端上的存储文件：首先确保手持终端与雷达主机已经建立通信连接，滑动"系统信息"至"PAD 文件管理"界面，点击要删除的文件，删除即可（此时文件列表显示的是手持终端中存储的文件），如图 10-13 所示。

图 10-13　PAD 文件管理界面

（五）系统关机

（1）点击"系统管理"，点击中间显示区域"关机"按钮，弹出关机确认对话框，如图 10-14 所示。

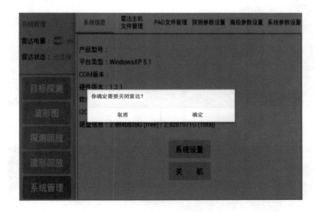

图 10-14　关机确认对话框

（2）点击"确定"，雷达主机将进行关机（图 10-15），此时手持终端会发出"滴滴"的关机提示音。

（3）"滴滴"的关机提示音结束，即雷达关机成功，此时软件界面显示"现在您可以安全关闭雷达电源了，谢谢！"，如图 10-16 所示，此时便可以关闭雷达主机主面板的电源。

（4）关闭雷达的主电源后，在手持终端的设置项里关闭无线，然后长按手持终端的电源键，弹出关机对话框，如图 10-17 所示，点击"关机"。手持终端关机操作完成。

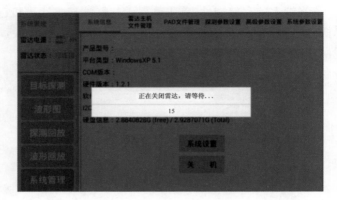

图 10-15　关闭雷达

图 10-16　关闭雷达电源提示框

图 10-17　手持终端关机对话框

（六）保养及维护

（1）长期存放时应定期对雷达进行开机检查。

（2）应保持雷达主机干净清洁，用干净（或蘸有温和肥皂水）的抹布轻轻擦拭。

（3）不要将雷达长时间置于高温环境下使用。

（4）定期删除文件可以避免系统问题。

（5）运输时，应将雷达主机装箱并锁紧箱扣。

（6）要轻拿轻放，不要摔、敲或震动雷达主机。

（7）雷达主机存放位置应保持通风、干燥、清洁和无尘。

（七）主机充电

检查主机的电量。在手持终端与雷达主机相连后，在软件界面左上角可以看到雷达电量，如图 10-18 所示。在使用之前，若只剩下 20% 的电量，则需要充电。

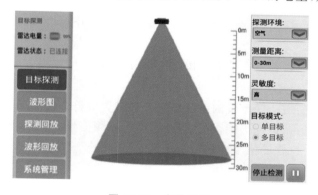

图 10-18　电量显示

（1）手持终端充电：手持终端充电时，将充电插头插入手持终端的底部，然后将充电器插入插座，充电时间一般为 7～8h。在充电过程中手持终端会显示电量信息。

（2）雷达主机充电：充电时将电池插入充电器的插槽中，注意要对齐插槽，充电时间不要超过 12h。在充电过程中红色指示灯会亮起，当指示灯变成绿色时表示雷达主机充电完成。

（八）常见故障及解决方法

LSJ 系列雷达生命探测仪常见故障及解决方法如表 10-6 所示。

表 10-6　　　　　**LSJ 系列雷达生命探测仪常见故障及解决方法**

故障现象	原因分析	解决方法
手持终端上显示连接不上雷达主机信号	信号不稳定	重启雷达主机
雷达主机开机无反应	电量不足或电池问题	充电或更换电池

五、运输与贮存

（1）在运输过程中应避免暴晒雨淋，应防止剧烈碰撞，严禁摔掷、重压。

（2）贮存在干燥、通风、无腐蚀性气体的环境中。

（3）设备使用完毕，需用干净的棉布将其外表面擦拭干净，并置于专用的设备箱中，不得随意放置。

（4）长时间不使用设备，应将设备电池取出，每月对设备进行充电，充电时间一般为 7～8h，不超过 12h。

（5）应设专人保管，定期检查、维护。

六、总结

1. 重点

（1）设备检查：探头、专业降噪耳麦、探头连接线缆外观检查；雷达主机、手持终端电量是否充足。

（2）设备组装：将各组件正确连接到主机对应插孔。

2. 难点

（1）参数设置：雷达探测仪的手持终端参数设置应符合探测环境。

（2）设备调试：调试探头能否正常反馈音频、视频信号；专业降噪耳麦是否能听到声音；主机或手持终端信号接收是否正常。

3. 要点

（1）生命探测仪类型选择：不同搜救环境适用的生命探测仪类型不同，选择正确的生命探测仪会提高搜救效率。

（2）分析目标探测反馈结果：音频探测仪探测过程受到外界的声音影响较大，应通过专业降噪耳麦、音频显示器分析搜救目标位置信息；雷达探测仪探测过程中可通过手持终端分析搜救目标位置信息。

第十一章 大型照明装置操作

一、大型照明装置概况

大型照明装置具有发电容量大、移动快捷、噪声小、操作便捷、全天候供电等工作特点,可以快速、持续提供临时电源,照明续航时间长,能满足大规模的现场照明需求。一般而言,大型照明装置由灯头组件、升降杆、发动机及发电机组、液压支撑装置四大部分组成。

大型照明装置广泛应用于工地施工、防洪防汛、大型集会、抢险救灾等活动场所夜间的临时照明。本课程主要介绍大型照明装置在电网企业各类电网检修、配电抢修、抢险救灾及重要保电活动等工作中的应用价值和开发前景。

说明: 本章根据最新《应急救援基干分队移动照明灯技术规范(征求意见稿)》匹配设备型号。

二、大型照明装置基本特点

1. 功能齐全

大型照明装置有两种照明供电方式,装置自带发电机组,同时也支持市电供电。发电机组一次注满油料可以 5kW 连续工作 12h,强光、泛光连续照明时间均可达 12h;在有市电的场所,可接通 220V 交流电源以实现长时间照明。平台灯杆能实现自动升降调节,最大升起高度可达 10m,灯头可按水平、竖直方向调节照射角度和光照范围,使灯光覆盖面满足工作现场需求。

2. 安全可靠

装置灯塔整体采用优质合金材料制作,结构紧凑、性能稳定,能在各种恶劣环境和气候条件下正常工作。装置车体液压支腿展开面积大,支撑力强,具有良好的抗风能力,一般可保证在 8 级大风下可靠工作。同时,支持使用抗风绳、钢地锚等配件辅助稳固该装置。

3. 高机动性

支持皮卡运输、叉车搬运、人工短距离移动。放于皮卡车上高度不大于 2.2m,

满足郊区、乡间道路限高要求。自卸式一般能够同时满足皮卡车和中小型货车自动装卸要求,避免使用叉车或者吊车装卸,更加快捷、高效、安全、经济,从人力、物力和财力三方面有效节省了成本。其中,拖车式可采用带拖钩的皮卡车拖动运输。

4.操控简便

大型照明装置配有集成可视操作面板,控制开关、控制显示屏集成于同一操作面板,同时配有无线遥控器,控制灯具的自升降装卸,可满足现场指挥操作的方便性和快捷性要求。装置可通过操作面板和无线遥控器两种方式控制升降杆的升降和灯头调节,操作方便简单。

5.光源强大

大型照明装置采用多个灯头组成的组件,灯头组件可水平旋转 0°~358°,竖直方向可在 0°~135°范围内任意改变投射角度,灯光照射距离可达数百米。光照覆盖区域长 105m、宽 68m,照射范围为一个标准足球场大小。灯头功率 1380W,光照续航时间可达 12h。该装置适用于户外大规模作业照明。

6.智能传输

大型照明装置可选配远程视频传输模块,通过 4G/5G 信号,可以实现作业现场实时监控、传输、指挥、对讲,也具备对现场照明补光、探照补光等功能。

三、大型照明装置操作步骤

1.大型照明装置操作面板说明

大型照明装置可通过控制面板和遥控器面板两个控制单元实现对装置的操作。

(1)控制面板。

控制面板具有 19 个功能指示和功能按键,都标注了明确的文字说明和图形符号。

(2)遥控器面板。

遥控器面板上有 14 个功能操作按钮。使用前,打开遥控器绿色开关,进入控制状态。按下遥控器"急停"按钮可紧急停车。遥控器可控制支腿同时伸缩、独立伸缩和灯杆升降。遥控器还可控制灯具的自升装卸,具备剪叉升降功能,遥控距离为 30m。

2.大型照明装置使用前准备

(1)运输车辆准备。

大型照明装置需要合适的车辆来运输。对于供电企业而言,各作业现场分布面广、地形复杂、车辆进出位置大小不确定、夜间照明条件差,大型照明装置需要倒车进入。因此,选择运输车辆需要从车辆长、宽、高,车辆夜间行驶能力和车辆配置等方面综合考虑。同时,运输车辆必须有足够的载荷、车体具备绳索挂钩,确保运输过程中的安全性、稳定性。

运输车辆选择参考：照明装置收起尺寸为 1568mm×1525mm×1400mm，确保运输车辆厢体长、宽、高适应照明装置，车厢门能闭合，装车后最大高度不大于 2.2m，车厢自带挂钩。运输车辆如图 11-1 所示。

图 11-1　运输车辆

（2）辅助配件准备。

为确保大型照明装置在作业现场作业时，能有效应对突发事件和天气变化，还需要配备一定类型和数量的辅助装备，包括抗风绳、支腿垫板、钢地锚、工具套装、接地极和警戒带。

（3）装置油料检查。

①液压油检查及补充。

a.液压油检查（图 11-2）。

通过液压油油表读取液压装置剩余的液压油量，若剩余油量在装置规定的油量标准以下，禁止直接使用，需要加注液压油后方可使用。

图 11-2　液压油检查

b.液压油添加(图 11-3)。

图 11-3　添加液压油

加油量要求:支撑腿和剪叉处于收起状态,油位在 180F 刻度和红线之间(此时加油量约为 26L)。

c.液压油使用条件。

当环境温度大于－5℃时,使用 46# 液压油;当环境温度小于或等于－5℃时,为了防止液压油凝固,需将液压油更换为黏度更小的 10# 航空液压油。推荐使用四季通用液压油,按清洁度标准使用Ⅱ级液压油。

d.液压油更换。

新机在使用 1 个月后,将油更换或重新过滤达到油的清洁度后方可使用。根据工作时间的长短,每 6 个月或者每 12 个月更换一次。

②机油检查及补充。

使用前或装车运输前,打开机油注入盖,使用机油尺测量机油箱内油量,如油量不足,发动机禁止启用,根据要求加注机油。务必使发动机油位处于机油注入洞的正确油位。

③燃油检查及补充。

a.燃油检查(图 11-4 和图 11-5)。

使用前或装车运输前,通过油箱面油量表读取油箱油量信息,如油量不足,发动机禁止启用,并及时加注燃油。本课程以海洋王 SFW6131B 移动智能照明平台为例,发动机为汽油机。

b.燃油添加。

燃油添加有两种方法:

方法一:接入市电,展开支腿,将升降平台升起后,使用加油管通过燃油加油口,将燃油加入发动机油箱。

方法二:在平台收起状态下,可通过升降平台上预留的加油口,使用汽油加油泵给发电机加注燃油。使用汽油加油泵时,将点烟器接入操作面板 DC12V 输出处,打开加油泵开关,即可对发电机添加汽油。

图 11-4　燃油箱

图 11-5　燃油检查

c.燃油使用条件。

推荐使用92#汽油,发电机燃油箱容积28L。

(4)装置功能测试。

①照明装置投用前,配置专业设备操作人员。

②使用前对照明装置进行功能检查:打开控制箱,检查所有开关(打开、关闭一次),所有开关应处于关闭状态;控制箱侧面急停开关应处于关闭状态(急停开关按下为关闭),检查完毕后关闭控制箱。检查升降遥控器,确保遥控器急停开关处于关闭状态。

③使用前对照明装置进行组件检查:检查灯塔底盘、剪叉、灯具平台、灯具支架、电动千斤顶、云台等结构是否正常,不能有异物,如有异物,须清理干净。

(5)通电测试。

①打开控制箱,首先打开电池开关,将发电机启动钥匙插入启动孔,旋转钥匙,启动发电机,随后打开发电机开关(或市电开关),最后打开总开关。

②打开照明开关,灯具点亮后关闭照明开关。

(6)装置上车操作。

①启动装置,将摆臂展开90°至装卸孔,插入安全销轴固定。

②按下遥控器"支腿全伸"按钮,首条支腿触地后松开按钮,单独调整其余支腿至触地,再次按下遥控器"支腿全伸"按钮,上升至装车高度,将车倒入装置底部即可。

③卸下装置移动辅助轮,收回液压支腿和摆臂,插好安全轴销。

④使用绳索对已装上车辆的照明装置进行捆绑、固定,确保绳索绑扎结实、无松动,装置紧固、不移动。

⑤收回装置辅助配件:收回抗风绳、支腿垫板、钢地锚、工具套装和其他器具。

3.设备操作步骤

(1)装置就位操作。

①场地选择:选择平坦、坚硬地面,空旷、无遮挡位置。装置架设位置因地制宜,作业人员自行根据现场情况布置照明点,确保照明工作安全、可靠开展。

②供电操作。

a.发电机供电操作:首先打开电池开关,将发电机钥匙插入发电机面板上的启动孔,旋转钥匙至启动"开"状态,发电机启动后,松开钥匙,钥匙回至"启动状态",打开"发电机开关",再打开"总开关"。

b.市电供电操作:将市电引入电控箱侧面市电接口,打开"市电开关",再打开"总开关"。

③摆臂展开:拔出摆臂固定销轴,将摆臂伸出运输车辆车厢外,调整摆臂135°至照明孔,并插上安全销轴。

④垫板铺设:将四块支腿垫板平铺在液压支腿正下方。

⑤支腿伸出:按下遥控器"支腿全伸"按钮,首条支腿触地后松开按钮,单独调整其余支腿至触地,再次按下遥控器"支腿全伸"按钮,上升至运输车辆可从装置最低点顺利驶出的安全高度即可,最后将车驶出装置底部。

⑥辅件安装:安装移动辅助轮,插好安全销轴;将接地线地锚镶入地下,再将装置接电线和地锚连接;将警戒带插装于液压支腿顶端,互相卡接,形成合围。

(2)液压支腿找平。

①液压支腿就位后(照明孔),打开遥控器开关。

②观察装置水平仪,根据水泡偏移方向单独调整相应的支腿伸出,伸出高度一致后再调整"支腿全伸"至车体水平,车体不能离开地面,并且确保支腿处于撑实状态。

【注意】

①装置卸车与上车同理,将摆臂调整90°至装卸孔并插上安全销轴后才可操作。

②升起液压杆时,观察装置水平仪动态,调节液压杆升降。

(3)平台升起操作。

在照明装置车体水平,摆臂展开135°至照明孔,车体不脱离地面,液压支腿撑实,并确保平台上方无高压电、无障碍后,按下遥控器"平台升"按键,升起照明平台至照明需要的高度。

(4)照明灯盘控制。

①按下控制面板照明方位控制区(图11-6)"预备"按键,灯盘升起至最高位置,

按键亮起。

②"预备"按键亮起后,通过"水平正转""水平反转""竖直正转""竖直反转"按键调整照射方向。

③灯盘旋转操作:灯盘组件在复位状态,即0°,水平顺时针可旋转0°~358°,竖直顺时针可旋转0°~135°。灯盘如图11-7所示。

图11-6 照明方位控制区

图11-7 灯盘

(5)使用完毕回收(图11-8、图11-9)。

①关闭灯组。

②按下弹起的"预备"按键,再按下"复位"按键,装置自动回到初始状态;复位完成后再次按下弹起的"复位"按键,取消复位状态。

③按住遥控器"平台降"按键,平台下降至初始位置。

④收回支腿(图11-8):四个支腿全部收回后,将摆臂调整至0°回收孔,并插上安全销轴。

⑤关闭照明装置电源和遥控器电源。

图11-8 收回支腿

图11-9 灯组回收

4. 自装卸操作详解（图 11-10、图 11-11、图 11-12）

(1) 启动发电机或者接通市电。

(2) 确保灯具升降杆处于降落最低状态（初始位置），且云台复位（图 11-10）。

(3) 将摆臂展开至 135°（根据车型调整摆臂至 90°或者 90°与 135°结合），如图 11-11 所示。

(4) 按下遥控器"支腿全伸"按钮，支腿伸出，到第一个支腿接触到地面时，松开"支腿全伸"按钮，单独调整未接触地面的支腿至接触地面；再次按"支腿全伸"按钮，四条支腿伸出，当支腿伸出偏差较大时（平地面，摆臂展开 135°时，伸出差异不超过 150mm；摆臂展开 90°时，伸出差异不超过 50mm），须单独调整支腿至车体水平，再上升至满足装卸车的高度，运输车倒入灯具底部即可。

(5) 卸车过程同理，摆臂展开，操作支腿伸出，待车体脱离接触车厢后，运输车驶出，再次按下遥控器"支腿全降"按钮，支腿降下，当支腿降下差异较大时（平地面，摆臂展开 135°时，伸出差异不超过 150mm；摆臂展开 90°时，伸出差异不超过 50mm），须单独调整支腿至车体水平，再下降至接触地面。

图 11-10　云台复位　　　　　　图 11-11　功能选用

5. 辅助轮及抗风绳安装

(1) 安装移动辅助轮。

移动辅助轮快速安装和拆卸方法：车体升至合适位置，将车轮上的安装孔与脚轮安装位上的孔位对准，插入固定销轴，实现车轮的快速安装，如图 11-12 和图 11-13 所示。同理，拔下安装销轴，可实现车轮的快速拆卸。

【注意】
　　车辆运输时，移动辅助轮必须拆下；非运输状态下移动辅助轮必须安装。安装移动辅助轮后，可将平台移动到所需位置。

图 11-12　移动辅助轮安装

图 11-13　已经装好的移动辅助轮

（2）抗风绳安装。

抗风绳安装条件：

①装置工作现场地面不平整（图 11-14）。

②作业现场风力达到 5 级及以上。

③坡面、松软地面使用升降平台，使用前安装抗风绳，抗风绳一端固定在装置固定环（图 11-15）上，另一端通过钢钎固定在周围结实的地面上（图 11-16）。

图 11-14　检查工作现场地面是否平整

图 11-15　装置固定环

图 11-16　固定在结实地面上

6. 紧急状况处理

（1）遇紧急情况，第一时间按下遥控器"急停"按钮或电控箱右侧"急停"按钮（图 11-17）。

（2）装置工作过程中遇突发事件无法正常作业时，需将平台降至初始位置，此时缓慢打开泄压阀（图 11-18 和图 11-19），待平台降至初始位置后关闭泄压阀。

图 11-17 "急停"按钮

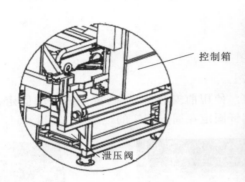

控制箱

泄压阀

图 11-18 泄压阀位置

图 11-19 转动泄压阀

【注意】

①设备正常工作时禁止使用泄压阀。

②泄压阀逆时针转动为打开,顺时针转动为关闭。

7. 维护及保养

(1)发电机保养。

①发动机电池必须每个月充放一次电,确保电量在 85% 以上。

②机油灯亮起时严禁使用,及时补充机油,每 6 个月应更换一次。

(2)机油更换方式。

①将发电机预热 5min,然后关闭发电机。

②取下机油注入口盖。

③将油盘放在发电机下方,取下排油螺栓以便机油完全排出。

④安装垫圈和排油螺栓,然后拧紧螺栓。

⑤注入机油。

（3）发动机保养。

①发动机空气滤清器每6个月或运行100h须清洁一次。

②发动机火花塞每6个月或100h应进行周期检查,根据需要进行清洁或更换。

（4）火花塞更换。

①取下火花塞帽和火花塞。

②检查是否变色并除炭火（火花塞电极周围的瓷绝缘子应为中至淡棕褐色）。

③安装火花塞,使用扭矩20N·m。

四、总结

1. 重点

（1）发电机启动:启动前做好环境、机组及用户侧设备检查,及时排除妨碍、影响发电机工作的因素和隐患。同时,做好防止装置发电机向电网和接入市电用户反送电的措施。运行中做好装置油位、角度、风速等重点项目监控,结束后做好检查、整理等工作。

（2）严格执行照明装置日常维护及保养要求,熟练掌握大型照明装置操作流程及各组件功能。除应急救援和大型抢修外,需要使用大型照明装置的场合和频次较少,其维护及保养成了不可忽视的日常工作,需要专门安排时间、人员进行维护及保养工作。因此,装置设备维护及保养成为一项常态化工作,需要运行单位建立健全装置维护及保养制度,以利于开展维护及保养工作。装置在结构上具备互锁功能,要求操作人员熟练掌握装置操作步骤和流程,以避免误操作而损坏装置。

2. 难点

（1）掌握异常状态识别方法,熟悉装置异常处置方法。照明装置的结构较为复杂,组件较多,部分功能之间实现互锁,在使用中某项功能操作不到位,都会导致后续操作无法执行。要求操作人员熟练掌握装置的结构原理和功能原理,以便对装置使用过程中遇到的异常状况和问题做出准确判断,及时做出正确的处理。

（2）掌握装置运输过程和液压支腿找平方法。装置的运输对车辆有一定的要求,车辆选择需要根据装置复位状态下的尺寸来确定,公司系统尚有部分皮卡车不能满足该装置运输要求。照明装置的液压支腿伸出速度存在差异,需要通过单独调整支腿的伸缩来实现四条支腿均触地的目的。该流程难点在于,通过四条支腿的调整实现装置车体水平。

3. 要点

（1）照明装置运输、使用前的检查。功能测试检查:所有开关处于关闭状态,控制箱侧面急停开关应处于关闭状态,遥控器急停开关处于关闭状态。检查装置灯塔底盘、剪叉、灯组平台、灯组支架、电动液压杆等结构是否正常。通电测试：选择发电机或市电供电，进行伸缩液压支腿测试、升降平台测试、开关灯组和调节灯头测试。

（2）照明装置工作位置选择。装置到达作业现场，需要选择空旷无遮挡、地面平坦、坚硬的场地。规避装置倾倒和翻车风险，有效保证装置安全和人身安全。

五、附图

大型照明装置平台结构如图 11-20 和图 11-21 所示。

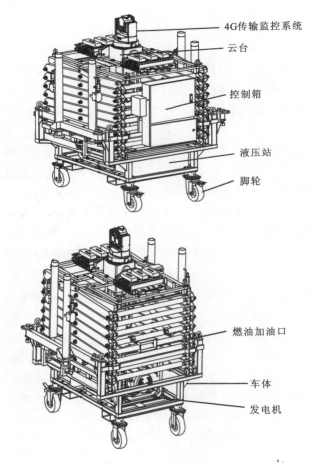

图 11-20　大型照明装置平台结构 1

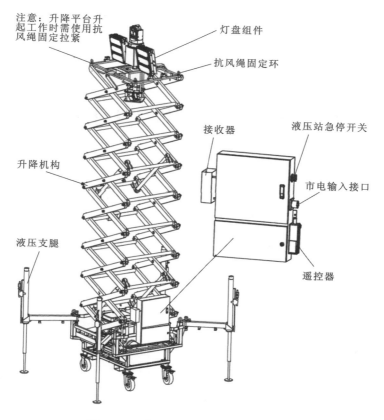

注意：升降平台升起工作时需使用抗风绳固定拉紧

灯盘组件

抗风绳固定环

升降机构

接收器

液压站急停开关

市电输入接口

液压支腿

遥控器

图 11-21 大型照明装置平台结构 2

第十二章 破拆工具操作

一、破拆概述

1.破拆的概念及对象

破拆是指在创建营救通道、空间和营救被困伤员过程中对不能直接移动或直接移动困难的建筑物构件所采取的分解、切割、钻凿、扩张、剪切等解体措施。破拆对象通常包括木材、金属构件、砖、混凝土和钢筋混凝土等构成的倒塌墙体、楼板、门窗等建筑构件。

2.破拆目的

（1）创建营救通道。

创建水平通道，从水平方向营救幸存者。其破拆对象多为砖墙、混凝土墙、钢筋混凝土墙、楼板等。可采用的破拆方法有钻孔、凿破和切割。

创建垂直通道，从幸存者的上方或下方接近幸存者。其破拆对象多为有稳固支撑的未破坏或局部破坏的混凝土楼板。可采用的破拆方法有钻孔、凿破和切割等。

无论出于何种破拆目的，在破拆墙体或楼板时都应先钻观察孔，了解墙体或楼板的厚度、钢筋含量、可拆性和墙体或楼板后面的情况，评估破拆所需时间，判断是否会造成残存结构的不稳定，是否需要采取必要的支撑措施以避免破拆对被困者造成伤害等。

（2）分解压在伤员身上的重物。

对压在伤员身上不能整体移走的重型或结构复杂的建筑物构件，往往不能直接采取切割等破拆手段，而需要谨慎地将其分解或在不伤及伤员的部位环保切割成若干小单元后，分别移走。

对解救狭小空间内被大、重构件围挡或压埋的被困人员，破拆是一项必不可少的工作。

3.操作基本程序

(1)穿戴个人保护装备。

(2)选择合适的工具。

(3)确保工作区域无危险。

(4)根据被破拆构件的材质,选用正确的破拆方式,开始破拆工作。

4.破拆方式

根据破拆构件的材质、形状、大小、厚度等确定最佳破拆方式和方法,选用最适合的破拆工具。

(1)切割。

用无齿锯(砂轮锯)、水泥锯、链锯、焊枪等工具将板、柱、条、管等材料分离、断开。

(2)钻凿。

用钻孔机、冲击钻、凿岩机等工具将楼板、墙体穿透。

(3)扩张/挤压。

用扩张钳、顶杆等工具、设备将破拆对象分离、啮碎。

(4)剪断。

用剪切钳、切断器等工具、设备将金属板、条、管等材料断开。

二、破拆工具简介

1.用途

破拆工具主要在发生火灾、地震、车祸、突击救援情况下使用,快速破拆、清除防盗窗栏杆、倒塌建筑钢筋、窗户栏等障碍物。

2.破拆工具的分类

破拆工具设备(破拆器材装备)按动力源可分为手动破拆工具组、电动破拆工具、机动破拆工具、液压破拆工具、气动破拆工具等。

(1)手动破拆工具组。

一般有撬斧、撞门器、消防腰斧、镐、锹、刀、斧等,是依靠救援人员自身的力量完成救援工作。

手动破拆工具组无须额外动力,噪声小,效率高,操作灵活,救援人员在数分钟内就能将岩石或混凝土结构的墙凿穿。可完成凿、拧、撬、切割、劈砍等操作,主要应用于快速抢险救援。

(2)电动破拆工具。

电动破拆工具有剪断器、扩张器、开门器、顶杆、电池式圆锯、电池式链锯、电池式往复锯、电镐、工作灯、变压器、静音发电机等。由动力泵连接各种切割刀头,搭配组成具有不同功能的破拆工具,实现切割、打孔、清障的目的,适用于各种救援场合,如消防特勤、交通事故车辆救援、地震救援、抗洪抢险、城市搜救、建筑物坍塌救援、其他突发事件救援等。

（3）液压破拆工具。

液压破拆工具是液压驱动的大型破拆器具,在发生事故时,用于破拆、升举。液压破拆工具具有能量大、工作效率高的优点。

液压破拆工具一般与液压泵、电动泵或手动泵配套使用,操作简单,携带方便,动作迅速。在使用过程中绝大多数液压破拆工具能由一个人独立操作。由于采用液压油作为动力,操作起来省时省力。

（4）机动破拆工具。

机动破拆工具主要以燃油为动力,将其转换为机械能来实施破拆,能够快速输出能量,工作效率高,不受电源影响,但是设备尺寸大,不便于携带。

三、手动破拆工具组的基础知识和使用方法

（一）用途与主要参数

手动破拆工具组是手动作业单人携带操作的救援工具。其配有凿、切、砸、撬工作方式的工作头,是一种理想的手动破拆工具,特别适合于地震初期救援工作,可破拆墙体建筑、楼板、车辆的门窗、锁具等。

其采用高强度工具钢锻造,强度大、韧性好,经久耐用。手动破拆工具组主要参数如表 12-1 所示。

表 12-1　　　　　　　　　　手动破拆工具组主要参数表

项目	参数
冲击行程/mm	442
冲击锤质量/kg	≤6.7
尺寸(长度×宽度×高度)/mm	782×72×70

（二）操作流程

1. 拧松手柄锁母

单手握住冲击杆体,逆时针拧松手柄锁母,直至冲击手柄可以轻松拉出,注意锁母不宜拧得过松,以免影响冲击质量。

2. 插入工作头

逆时针拧松工作头锁母,按下冲击杆卡钩,选择需要的工作头,将选好的工作头根部六方孔对准冲击杆前端六方孔,将工作头插入。如不能插到底,说明工作头

锁母没有拧松,只有将其拧松才能将冲击锤插到底。

3.卡钩挂住工作头

松开按住的卡钩,使其挂住工作头的凸台,拧紧工作头锁母,确保进行冲击操作时工作头不会掉出。

4.冲击操作

将工作头的头部对准需要破拆的部件,一只手充分提拉手柄至上止点,然后用力下砸,使冲击力量完全集中在冲击杆的工作头部,重复此动作多次,直至达到破拆目的。

5.其他破拆操作

冲击杆还可以当作撬棍使用,实施简单的撬动作业。运用不同的冲击头,还可以完成切(砸)断钢筋的操作。

四、液压破拆工具的基础知识和使用方法

(一)双输出液压机动泵的基础知识和使用方法

双输出液压机动泵以内燃机或电动机为运行动力,泵将液压油箱的油通过延长管输送到工具从而产生压力,液体分配由升降阀门控制。此设备可以用来救援公路、铁路和空运事故以及建筑上的伤员。

1.P630SG液压机动泵简介

(1)基本外形尺寸。

P630SG液压机动泵基本外形尺寸如图12-1所示。

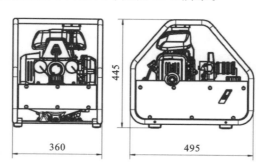

图 12-1　P630SG 液压机动泵基本外形尺寸

(2)液压机动泵结构。

P630SG液压机动泵结构如图12-2所示。

(3)发动机。

液压部件都配有以"汽油燃料"为运行动力的内燃机。

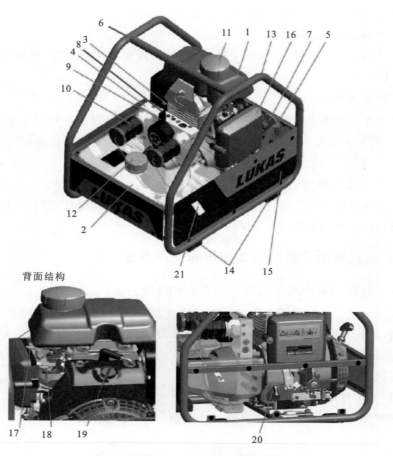

图 12-2　P630SG 液压机动泵结构图

1—汽油箱；2—液压油箱；3—发动机及液压泵；4—控制阀连接阀块；5—调速杆；
6—手扶把手；7—启动拉手；8—控制阀操纵杆；9—"TURBO"双倍流量控制阀；10—单接口（阴口）；
11—油箱盖；12—液压油箱加油盖；13—框架；14—框架橡胶垫；15—侧面保护架；16—空气滤清器；
17—风门；18—燃油开关；19—发动机开关；20—发动机机油加油口；21—油面指示窗

（4）阀。

阀是液压传动中用来控制液体压力、流量和方向的元件。在各种情况下，阀门设计为接线板，牢牢地连接在液压部件里。液压油管通过单接口形式连接泵体。救援设备连接在管总成的另一端。P630SG 液压机动泵配备了一个 SIMO 连接体，即同时连接两个设备并可同时操作，且具有双倍流量的功能。

拨动 TURBO 双倍流量控制阀，两个设备可以同时工作或仅单个设备以两倍于平时的油量（即增压功能）工作，这种情况下，设备运行速度会加快一倍。

液压油管通过单接口与连接体进行连接。

（5）泵。

P630SG 型 LUKAS 液压机动泵配备有 SIMO 连接体。双倍流量阀和 SINO 阀配合工作。使用的泵都配有两级压力输出，即一个低压输出，一个高压输出。

低压级别（ND）＝最高达 14MPa

高压级别（HD）＝最高达 70MPa

注：从低压切换到高压可以由泵本身自动完成。整个系统由限压阀保护，所以系统中的最大可允许的压力值不会被超出。

（6）主要参数。

①技术参数。

P630SG 液压机动泵技术参数如表 12-2 所示。

表 12-2　　　　　　　　　　　P630SG 液压机动泵技术参数

设备型号	P630SG
产品编码	81-53-20
发动机型号	4 冲程汽油机
功率/kW	2.2
转速/(r/min)	3000 或 3800
高压同时工作输出流量/(L/min)	2×0.55 或 2×0.7
高压输出流量（双倍流量）/(L/min)	1×1.1 或 11.35
低压同时工作输出流量/(L/min)	2×2.4 或 2×30
低压输出流量（双倍流量）/(L/min)	1.47 或 1×5.8
最大工作压力（高压）/MPa	70
最大工作压力（低压）/MPa	14
液压油箱最大容量/L	2.2
汽油箱最大容量/L	0.77
液压油箱最大容量/L	23.9
最多连接设备数量/套	2

②噪音排放参数。

P630SG 液压机动泵噪音排放参数如表 12-3 所示。

表 12-3   **P630SG 液压机动泵噪音排放参数**

设备型号	P630SG	
转速/(r/min)	3000	3800
怠速状态(EN 标准)/dB	80	84
满载(EN 标准)/dB	84	88
怠速状态(NFPA 标准)/dB	73	77
满载(NFPA 标准)/dB	77	80

③火花塞型号。

火花塞型号为 CR5HSB(NGK)U16FSR-UB(DENSO)。

④火花塞扳手参数。

16mm 万向火花塞扳手。

⑤燃油型号。

ROZ-91 或 ROZ-98 无铅汽油。

⑥机油分级。

机油分级标准如图 12-3 所示。

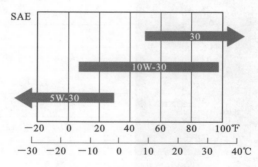

图 12-3   机油分级标准

⑦运行及储存温度。

运行及储存温度如表 12-4 所示。

表 12-4   运行及储存温度

运行温度	−20～55℃	−4～131 ℉
环境温度(设备运行中)	−25～45℃	−13～113 ℉
储存温度(设备未运行)	−30～60℃	−22～140 ℉

⑧液压油建议。

用于 LUKAS 液压设备的矿物油 DINISO6743-4 及其他,油液温度范围、油码和黏稠度如表 12-5 所示。

表 12-5　　　　　　　　　　　　油液温度范围、油码和黏稠度

油液温度范围	油码	黏稠度
−20～55℃	HM10	VG10

2.连接油管/设备

(1)单接口连接。

单接口快速接口分为阳口和阴口,在连接液压油管/工具时可快速插拔,同时在油管连接时也不会发生混淆。

接口连接前,拆下接口上的防尘帽,然后将阳口和阴口对接,转动内部锁紧套筒并指向"1"位置,直到锁紧套筒进入规定位置,即完成连接。断开连接时,转动锁紧套筒至"0"位置即可。

(2)使用防尘帽。

防尘帽 A 上有两个沟槽 B。将销钉 C 导入沟槽就可以将防尘帽插入接口阴口,随后转动锁紧套筒进入 B 位置,完成防尘帽连接。

3.液压机动泵操作

(1)设置。

各部件应放置在适宜的环境中,与重物、燃烧源等保持足够的距离。LUKAS 机动泵在 20℃时的工作状态最佳。为了最大限度地保证安全和液体回流,应尽可能在水平面进行操作。

【注意】
　　内燃机部件和大部分电子部件不能在有爆炸潜在危险的环境里使用(火花构成危险);内燃机部件不可以用于封闭的空间内,否则会有中毒或窒息的危险。

(2)启动准备。

首次使用设备时(不含机油及汽油)的准备工作如下:

a.注入液压油,确保液压油刚好位于液压油面指示窗口的最大位置及最小位置之间。

b.向汽油箱中加注纯汽油至汽油油箱水平标识的较低边缘。如果设备置于倾斜平面,注意不要加油至油箱的最大油量处。

c.准备好液压泵。

d.使液压泵上的操作阀处于静态压力下,打开油箱盖,使空气进入油箱。

e.松开泵体的放气螺钉,将液压泵向后倾斜45°～60°,使油从放气螺钉处流出。加油量在水平放置时应在液压油面指示窗口的最大位置及最小位置之间。如油已从放气螺钉处流出,证明空气已从泵体中放出,拧上放气螺钉并将设备置于水平位置。

f.重新检查液压油量,如有需要则进行添加。

g.用延长管连接救援设备。

【注意】

在第一次调试前或在长时间存放后启动液压泵时,必须重新检查液压泵的油量。此液压泵使用4冲程机油,切记不能在加油时将机油和液压油混合,以免损坏设备。

（3）操作步骤。

开机前,为了避免过大的负载压力以及引起不必要的救援设备动作,需要将控制阀杆置于中位（即无压位）。

①启动发动机。

启动发动机前,检查汽油和液压油油箱的油位是否在标线允许的位置,另外机油位置是否在允许的范围之内,如有需要添加相关液体。

a.打开燃油阀。

b.将发动机开关旋转至"ON"位置。

c.当冷启动时,将风口开关杆从进风位置拨到阻风位置。

d.拉启动绳。

e.发动机启动后,将风口开关杆拨回进风位置。

②熄灭发动机。

a.把发动机开关旋转至"OFF"位置。

b.发动机停止后关闭燃油阀。

③加油。

加油前发动机必须处于关闭状态。

a.打开油箱盖。

b.向油箱内加油,直至燃油量水平指示器所示的低缘。

c.盖上油箱盖。

【注意】

　　整个加油过程中,确保燃油不要飞溅,特别是发动机发热部分不要和燃油相接触,以免引起火灾。如果燃油飞溅,必须马上使用合适的吸收布料来进行清洁,且注意自己不要被发动机烫伤。使用过的布料必须清理或者按指定方式来进行处置。

　　④控制阀门。

　　P630SG 液压机动泵的 SIMO(同时工作)控制阀开关置于泵体上。所有单接口都被设计成在未连接救援设备时为无压状态。

　　当设备连接时,设备的控制单元会控制开关。控制阀开关使增压状态成为可能,在增压状态下两个连接设备中的任一个可以由控制阀开关提供双倍流量。

　　当控制阀开关拨向一个设备时就会将另一个设备的油量供给前者,即给拨向的设备提供双倍输出流量,从而使其操作速度加快一倍。

　　(4)操作完后拆卸设备。

　　工作一旦完成,在关闭部件前,要将所有连接的设备都回收至原始位置,然后关闭发动机。

　　①如果在关机的情况下拆卸油管,需要参考"单接口连接"部分所描述的方法进行断开。

　　②同时确保已将防尘帽盖回单接口。

　　③清洁液压泵上的固体杂质。

　　④如果设备需要存储很长一段时间,需要对设备表面进行彻底的清洁,润滑机械移动部分,并将燃油箱清空。

　　⑤避免在潮湿的环境中存放液压泵。

　　(5)功能检测。

　　液压单元承受着非常高的机械压力,因此必须在每次使用后进行检测,而且每6个月必须定期进行一次检测。对于磨损部件应及时更换,避免损坏设备,同时需要确保所有安全螺钉都已拧紧。

　　①建议检测间隔。

　　a.常规外观检测。

　　每次使用后需要进行常规外观检测,并且至少每 6 个月检测一次。

　　b.功能检测。

　　功能检测频率如表 12-6 所示。

表 12-6   功能检测频率表

每日工作时间	功能检测频率
1h	每年一次
8h	每季度一次
24h	每月一次

除上述检测间隔以外,还需要在下述情况下进行功能检测:

(a)液压泵发出异常噪声时。

(b)对泵站结构内部损坏有合理怀疑时。

②外观及功能检测。

a. 外观检测。

(a)所有液压连接件是否紧固。

(b)有无漏油。

(c)发动机阀块和油箱上是否有损坏。

(d)液压以及燃油缸有无损坏迹象。

(e)火花塞处有无积炭。

(f)标识板(包括所有驱动标识、指示标识以及警告标识)是否损坏。

(g)保护罩(如框架和侧面保护板)是否损坏。

(h)所有液体量是否在允许范围之内。

(i)所有旋转开关以及开关杆是否在合适的工作位置且未损坏。

(j)接口易于连接。

(k)是否有防尘帽。

(l)所有必需的部件(如火花塞、油罐)是否均齐备。

b. 功能检测。

(a)在运行过程中是否有非常规或可识别的噪声异响。

(b)启动绳工作是否正常。

(c)发动机开关、开关杆以及连接口是否正常。

(d)最大负载测试。

(6)保养及保修。

①液压单元的维护。

a. 更换液压油。

使用了 200 次左右或每 3 年需要更换液压油。更换时发动机必须断电,同时须合理处理使用过的油。

(a)将液压泵置于轻度升高的平面上,以便能轻易地触摸到液压油排放螺钉。

（b）将存放排出液压油的容器置于排放螺钉下方。

（c）松开液压油盖和排放螺钉，让液体流入收集容器。

（d）拧紧排放螺钉。

（e）通过进油口将新的液压油倒入液压油箱并盖上液压油盖。

b.标签更新。

所有损坏或难以辨认的标签（安全提示、铭牌等）都必须更新。

（a）清除毁坏得难以辨认的标签。

（b）清洁粘贴处表面。

（c）贴上新标签。

②其他维护工作。

a.维护要求。

（a）第一个月或者20个工作小时之后（第一次维护）更换发动机机油。

（b）每50个工作小时或每3个月必须执行下述维护方法。

● 清理空气滤清器组件。

● 在灰尘环境下使用时需要检查空气滤清器并在需要时尽快清洁。

（c）每100个工作小时或每6个月必须执行下述维护方法。

● 更换发动机机油。

● 检测火花塞，如有需要进行清洁或重设火花塞的放电间隙。

（d）每200个工作小时必须更换火花塞。

（e）每300个工作小时或每两年必须：

● 更换火花塞及过滤部件。

● 清理调试化油器、气门间隙、气门座和汽缸头。

（f）必须在每1000个运行小时或每两年之后进行如下维护：

● 检查发动机。

● 查看发动机是否损坏。

● 检查燃油管，如有需要则进行更换。

b.步骤。

（a）更换及清理空气滤清器。

拆掉液压泵的后盖并将侧板及固定夹拆除。

● 拧下滤清器盖。

● 将滤清器海绵从盖子上拆除。

● 从空气滤清器里拆下滤纸。

● 查看滤清器海绵及滤纸,如破损则立即更换。滤纸必须在固定的时间间隔内更换。

● 如可以重复使用,立即对它们进行清洗。

● 使用潮湿的布从空气滤清器体内部将尘土拂去,确保尘土不会穿过空气管进入化油器。

● 重新安装空气滤清器。

(b)更换、清理以及调试火花塞。

● 拆下火花塞接头并清理火花塞周围的尘土。

● 使用 5/8 英寸的火花塞扳手拧开火花塞。

● 检查火花塞,如果火花塞已损坏、过脏、密封垫圈失效或电极磨损,则需更换火花塞。

● 测量火花塞电极间隙。需要小心地弯曲侧电极来校正火花塞电极间隙,电极间隙目标值为 0.6～0.7mm。

● 手动安装火花塞。

● 使用 5/8 英寸的火花塞扳手拧紧火花塞,从而压紧垫片。

● 将火花塞接头装入火花塞。

(c)更换单接口。

● 连接阀上安装接口的步骤如下:

  ■ 清空液压油箱。

  ■ 从接口处拆下螺纹管接头。

  ■ 拆下接口及垫圈。

  ■ 将新的接口及垫圈安装在阀体上。

  ■ 紧固接口。

  ■ 重新填充液压油并进行放气。

● 在油管上安装接口的步骤如下:

  ■ 清空液压油箱。

  ■ 将接口处的黑色保护套往回拉。

  ■ 松开液压油管上的螺帽,拆下接头。

  ■ 装上新的接头,拧紧液压油管上的螺帽,重新装上黑色保护套。

  ■ 在液压油箱中重新填充液压油并进行放气。

(7)故障排除。

液压机动泵故障排除及解决方法如表 12-7 所示。

表 12-7　　　　　　　　　　　液压机动泵故障排除及解决方法

故障	检查	原因	解决方法
内燃机不启动	检查油箱内燃油量	燃料箱空了	加满燃料
	检查发动机开关	启动线缆未正确使用	正确使用启动线缆
		发动机风门未打开	打开发动机风门
	检查空气滤清器	空气滤清器污染	清理或更换空气滤清器
发动机已运行，手控阀打开但连接的救援设备不运行或运行得很缓慢	检查油管	油管未连接好	重新将油管连接好
	检查阀门	控制阀开关未置于"中位"或拨向连接设备的一边	将控制阀开关置于"中位"或拨向连接设备的一边
	连接不同的工具，检查其是否正常工作	之前连接的工具(设备)不能正常工作	维修工具(设备)
	检查接口	单接口(阴口)不能正常连接	更换单接口(阴口)
连接好的救援设备手控阀拧到最大后工具未到达最大位置	检查液压油箱内的油量	液压油箱内液压油量不足	加液压油到填充水平位置最大值(注意：在救援设备加满液压油前，返回初始位置)
		部件可用液压油量不足	使用一个不同的救援设备，该设备的液压油可用量低于部件最大可用量
液压油从油箱中泄漏	检查设备是否处于待工状态以及液体是否从注油盖流出	救援设备的液压油回流量超出储罐的最大量值	降低液压液体储罐油水平位置至测量棒或检查玻璃瓶标记处
	液压油从其他地方流出	从密封件、油箱、油管流出	更换相应泄漏的部件，或由经销商修理
液压油呈乳白色	—	进水乳化	立即更换液压油
油管不能连接	—	压力过高(例如，外部环境的极温导致)	转换阀块至静压回路
		接头损坏	立刻更换接头
液压油从油管接头处泄漏	—	接头损坏	立刻更换接头

(二)液压救援顶杆的基础知识和使用方法

　　液压救援顶杆采用的是双向液压缸，拉伸/退回都是由液压控制，运动方向通过星状手控阀来控制，可用于撑顶或者抬升物体等。

1.液压救援顶杆结构

液压救援顶杆由星状手控阀、阀体、液压缸体、活塞杆、后手柄、活塞端支撑头、缸体端支撑头、压力管、回流管、单接口(阴口)等组成。

2.液压救援顶杆连接

油管由快速接口(阳口和阴口)与液压泵连接,此时可进行快速插拔。

3.液压救援顶杆操作

(1)准备工作。

①试运行。

a.将设备连接到液压泵上。

b.在无负荷的情况下彻底打开和回缩顶杆两次。

②检查动力装置。

在每次启动液压动力源之前,都要保证气动阀处在泄压状态;在连接快接接口之前,液压装置的气动阀门要设置为泄压状态。如果使用单接口,可以在液压油管带压时进行连接。

③支撑。

使用救援顶杆之前,要保证有恰当的支撑,使用必要的基材。

(2)使用环境。

在启动救援顶杆之前,要保证活塞杆的运动或者飞溅的碎片不会伤害他人,还要避免对其他人的人身及财产造成损害。严禁在操作设备过程中握住活塞杆。

(3)操作星状手控阀。

①伸出活塞。沿顺时针方向转动手柄,转向 ■ 符号方向并保持在该位置。

②收回活塞。沿逆时针方向转动手柄,转向 ▬ 符号方向并保持在该位置。

③止回。释放手柄,星状手控阀自动回到中位。

4.设备拆卸

(1)救援顶杆。

完成工作后,救援顶杆要收回到留有几毫米距离的状态。

(2)液压设备。

完成工作后,设备要立刻停止工作。

(3)液压油管。

断开液压油管的连接,把防尘帽安装回连接头上。

5.保养及维修

本设备属于高机械压力设备。每次使用后都要进行外观检查;而且,每年都要进行一次检查,确保能早些发现磨损和破裂,及时更换磨损零件,从而阻止设备损坏。每三年或者对设备的安全性以及可靠性存疑时,需要进行附加的功能检测,以保证设备的安全性、可靠性。检查如下项目:

(1)外观检查。

①救援顶杆。

a.液压缸和活塞杆不能有损伤或者变形。

b.保护齿位置正确且稳定。

c.整体密封(无泄漏)。

d.星状手控阀操作性良好。

e.手柄稳固。

f.标牌清晰易读。

g.接口可轻易连接。

h.防尘帽可用。

②油管。

a.对可见的损伤进行控制。

b.控制泄漏。

(2)功能测试。

①活塞能被拉伸/缩回到全部长度。

②启动星型手柄后,顶杆可以流畅伸出和缩回。

③星状手控阀停止后,活塞杆立刻停止运动。

(3)更换液压油。

设备在使用大约 200 次或者最多 3 年之后必须要更换液压油。更换附带泵(机动/手动泵)之后,也要更换液压油。

6.故障排除

液压救援顶杆故障排除及解决方法如表 12-8 所示。

表 12-8 　　　　　　　　　液压救援顶杆故障排除及解决方法

故障	检查	原因	解决方法
油缸活塞移动缓慢或抖动厉害	检查油管是否连接正确、泵是否正常工作	液压系统中有空气	排气
设备力量不够	检查动力泵液压油量	泵内液压油不充足	增加液压油,排气
松手后,星状手控阀不能回到中位	手控阀盖损坏或星型手柄难以转动	扭转弹簧损毁、星型手柄或阀有脏污、阀门失效、其他机械损伤	找厂家进行修理

续表

故障	检查	原因	解决方法
连接不上油管 （单接口）	—	压力过高 （周围温度太高引起）	把液压泵设置为 无压循环
		接头损坏	立刻更换接头
经常无法连接 液压油管（单接口）	控制使用的液压油的 黏度和使用温度	液压油不适用于该工作情景	立刻更换液压油
		接口故障	立刻更换接口
接口无法连接 （双接口系统）	泵是否正常工作	压力过高	给泵泄压
		接口故障	立刻更换接口
液压油管或者接口 有液压油泄漏	液压油管是否失效	泄漏或者故障	更换液压油管

(三)液压扩张器的基础知识和使用方法

液压扩张器是专门为救援操作而设计的。发生灾难时，人们使用液压扩张器来提升或者转移物体，如塌陷房屋中的混凝土或者挤压管道等，从而援救受困人员。一般说来，物体都可以被牵拉、扩张、挤压。同时被处理的物体都必须有稳固的支撑来保证安全。当使用该工具提升时，必要时需使用额外的支撑或安全设施来确保没有危险。

1. 液压扩张器结构组成

液压扩张器是液压驱动活塞通过对称的机械接头闭合两个相同扩张头来扩张物体。扩张臂的闭合也是通过活塞相反的运动来实现的。

2. 连接设备

该工具端有两根短油管，通过油管与泵连接，油管使用不同颜色进行区别，以确保不会出现错误连接的现象。

3. 操作

(1)准备工作。

①试运行。

在修理后和初始启动前，该装置必须进行排气。

a. 将设备连接到液压泵上。

b. 在无负荷的情况下彻底打开和关闭扩张器的扩张臂至少两次。

建议排气步骤如下：

(a)扩张臂向上，彻底打开和关闭一次。

(b)扩张臂向下，彻底打开和关闭一次。

(c)扩张臂向上，彻底打开和关闭一次。

（d）扩张臂向下，彻底打开和关闭一次。

②检查动力装置。

在每次启动液压动力源之前，要保证气动阀处在泄压状态；在连接快接接口之前，液压装置的气动阀要设置为泄压状态。如果使用单接口，可以在液压油管带压时进行连接。

（2）操作星状手控阀。

①开启设备。沿顺时针方向转动手柄，转向 ▶ 符号方向并保持在该位置。

②关闭设备。沿逆时针方向转动手柄，转向 ▬ 符号方向并保持在该位置。

③止回。释放手柄，星状手控阀自动回到中位，以完全确保负荷支撑功能。

4. 扩张

（1）工作前提。

①在进行救援作业前，障碍物的位置必须是稳固的。

②当在有爆炸风险的环境中开展救援工作时，禁止使用电动泵或液压泵，应用手动泵。

③当操作救援设备时，应穿防护衣、戴有面罩或有眼罩的头盔、戴防护手套等。

（2）扩张。

扩张头仅用来增加缝隙。当使用扩张头凹槽大约一半位置的时候可以实现全部扩张力。在扩张头后部扩张区能得到最大力量。

5. 拆卸设备

（1）闭合扩张臂。

扩张器完成工作后，要将扩张臂闭合并留有几毫米的间距，以减轻设备内部的液压和机械张力。

（2）停止动力源。

完成工作后，要停止动力源。

（3）油管。

拆下压力油管，把防尘帽装回接口上。

6. 维护及保养

（1）外观检查。

①扩张器。

a. 检查扩张臂上的扩张头的张开距离。

b. 检查工具整体紧固（无泄漏）。

c. 检查星状手控阀的操作性能。

d. 手柄有且稳固。

e. 铭牌清晰可见。

f.防护罩状态良好。

g.接口可轻易连接。

h.防尘帽可用。

②扩张臂。

a.扩张臂无破裂,无裂口,表面没有变形。

b.扩张臂的螺栓无松动。

c.扩张头套筒干净且整齐,不能有任何破裂。

d.端部锁住。

③油管。

a.对可见的损伤进行控制。

b.控制泄漏。

(2)功能测试。

①启动星状手控阀后可以流畅控制开关。

②无可疑噪声。

③星状手控阀停止后,扩张臂立刻停止运动。

五、总结

1.重点

手动破拆工具组、液压破拆工具的使用。

手动破拆工具组一般有撬斧、撞门器、消防腰斧、镐、锹、刀、斧等,无须额外动力,即可完成凿、拧、撬、切割、劈砍等操作。

液压破拆工具是液压驱动的大型破拆器具,一般与液压泵、电动泵或手动泵配套使用,用于破拆、升举。其具有能量大、工作效率高的优点,在抢险救援中,发挥着越来越重要的作用。

2.难点

双输出液压机动泵、液压救援顶杆、扩张器的维护及保养。

常规的维护及保养方法主要是外观检查和功能测试,确保能早些发现磨损和破裂,及时更换磨损零件,从而阻止设备损坏。

3.要点

破拆方式(切割、钻凿、扩张/挤压、剪断)选择。

根据破拆构件的材质、形状、大小、厚度等确定最佳破拆方式和方法,选用最适合的破拆工具。板、柱、条、管等材料分离、断开主要选择切割方式;楼板、墙体穿透主要选择钻凿方式;破拆对象分离、啮碎主要选择扩张/挤压方式;金属板、条、管等材料断开主要选择剪断方式。

第十三章　冲锋舟（橡皮艇）操作

一、水上救援

（一）水上救援简介

冲锋舟（橡皮艇）是防汛抢险活动中的一种高效、实用的救人工具，在抗洪抢险中，发挥了其机动灵活、高效实用的作用。水上救援包括海事水上救援、洪涝灾害水上救援及其他水上救援，涵盖了水上应急救援指挥、侦测、信息采集、物资供应以及救援方案、水上救生方式方法等内容。基于现有技术装备及救援成本考虑，最常见的是利用冲锋舟（橡皮艇）进行水上救援（救生）、两岸架设缆索施救、水中徒步救生、岸上施救或直升机等方式进行施救。其中，利用冲锋舟（橡皮艇）进行水上救援（救生）具有安全可行、机动高效、投入成本低等特点，因此在内陆（内河）洪涝水域中常用冲锋舟（橡皮艇）进行救援。本章将以此为主要对象进行讲解。

（二）水上救援技术

水上救援主要借助冲锋舟（橡皮艇）进行，具备机动性强、安全可靠等特点，主要适用于静水、缓流等开阔环境，对于大量人员被困需要救援的情况，具有快速、高效等优势。具体注意事项如下：

（1）顺流而下时，冲锋舟（橡皮艇）要斜向下游，驶入流道中央水流较大、较深处，始终保持引擎处于前进挡运转状态，确保船只有足够动力，并预先观察下游水文地形，选择无障碍物、水深足够的航线行驶。

（2）逆流而上时，必须先确定冲锋舟（橡皮艇）的动力是否足够推进船只，要选择水深足够、流速较慢、无障碍遮挡的路线。

（3）左右转弯时，要小心缓慢，避免翻船，并仔细观察转弯区域是否安全、无障碍物；也可利用障碍物后方涡流区域水流较缓且流向有回旋现象，向其转入以实现转弯。

（4）倒退时，动作要精准缓慢，如果水流湍急，可以预先在船头绳上绑 1 个较大的沙包，在倒船时，把沙包丢到水中，发挥类似船锚的作用。

（5）冲锋舟（橡皮艇）在靠近被困者时，要减速慢行，防止船只撞向或是从被困者头顶碾过。①对处于清醒状态的被困者,救援人员可以伸出双手与其互扣,互相抓稳以后,驾驶员稍微加速使被困者可以在水面漂平,然后救援人员用力将其上身拉出水面,并将其拉上船只。②若被困者处于昏迷状态,救援人员可以拉住被困者救生衣的双肩部分,或是抓住其双手,救援人员双腿弯曲,双手打直,身体向后躺,拉起被困者。③若是用延伸物进行救援,救援人员则可将船上的伸缩梯、抛绳袋等伸出或抛出给被困者,将其拉回船上。

（三）水上救援安全注意事项

（1）要保证全体救援人员能够熟练掌握各类装备的操作方法,明确各类装备适宜的救援环境和灾害特点,特别是务必要做到人人都熟悉在救援过程中常用的各类绳索、套具和救援装备。

（2）严禁将救援绳结死扣套在救援人员或被困者身上。在水中遇险时,水流向下的拉力会将其冲到水下,陆上救援人员在不知情的情况下盲目拖拽救援绳,可能导致水中救援人员和被困者被困而无法自救,从而发生溺亡、昏迷等安全事故。必要情况下,救援人员可使用水面漂浮绳进行辅助,但绳索连接部位必须使用快速搭扣,以便紧急情况下救援人员及时自救逃生。

（3）入水救援时,严禁佩戴抢险救援头盔和灭火防护头盔。这两类头盔无排水孔洞,且颈带使用单排扣固定,在急流中易导致救援人员被颈带勒住,造成机械性窒息。

（4）在力量部署时,应结合救援人员实战经验和技能熟悉程度对救援区域进行划分。参与入水救援和岸边近水区域救援的人员应具备较好的水性和单兵体能素质,原则上新人主要负责器材装备的运输、救援辅助和其他保障工作,不能直接参与水域救援任务。

二、冲锋舟（橡皮艇）和舷外机原理及组成

（一）冲锋舟（橡皮艇）

1. 冲锋舟（橡皮艇）简介

冲锋舟（橡皮艇）主要用于休闲娱乐、抢险救生、海事任务,分为三种展现形式,即玻璃钢冲锋舟、海帕伦式冲锋舟、充气式冲锋舟。玻璃钢冲锋舟及海帕伦式冲锋舟主要用于武警、部队执行重要任务时,常用的充气式冲锋舟即橡皮艇冲锋舟,不仅方便运输携带,也易于安装。

2. 冲锋舟（橡皮艇）组成

冲锋舟（橡皮艇）由铝合金底板、坐板、船桨、充气泵、排水阀、船头拖绳及安全绳等组成。

（二）舷外机原理及主要功能部件

冲锋舟（橡皮艇）可以用船桨手动划行，也可以由舷外机提供推力，水上多用舷外机驱动。舷外机主要由启动拉手、风门开关、燃油箱、油门把手、艉板夹紧螺栓、倾斜调整销、防涡流板、螺旋桨、排气口、熄火开关、机油注入口、空滤器、高压包、启动器等组成。

1.舷外机基本工作原理

当活塞由下止点上行时遮住了缸壁上的扫气口（即进气口），压缩了气缸中的混合气，由于活塞上行，密闭的曲轴箱内产生吸力，在压力差的作用下，混合气被吸入曲轴箱；活塞继续上行，当接通上止点时，火花塞跳出电火花，点燃被压缩的混合气，高温高压的气体迫使活塞下行，通过连杆使曲轴旋转做功；活塞继续下行，当活塞裙部遮住了进气口时，曲轴箱内的混合气便被压缩，活塞下行至露出排气口时，气缸中的废气因本身压力迅速由排气口冲出。活塞下行至露出进气口时，被压缩的混合气进入气缸，并帮助驱逐废气，活塞到了下止点时，曲轴旋转360°完成了一次工作循环。

2.舷外机主要功能部件介绍

（1）急停开关安全索。

遇到操作者掉到船外或者离舵等紧急情况时，拉出连接好的急停开关安全索，急停开关会使舷外机熄火，可有效防止螺旋桨对人身造成伤害或者船只继续前行引起的恐慌，避免因船只失控造成更严重的后果。

舷外机在运行时，将急停开关安全索拴到衣服、臂膀或腿部等牢固位置。请勿将急停开关安全索拴到可能撕松的衣服上或缠绕在其他部位，防止其意外造成舷外机停止运行。

（2）急停开关。

①按下此按钮2s左右，舷外机停止运行。

②舷外机运行前，需用急停开关安全索顶起此开关，才能启动舷外机。

（3）外置燃油箱。

外置燃油箱是随舷外机一同提供的专用燃油箱，不得用作燃油贮存容器。

外置燃油箱功能如下。

①进油接头：用于连接燃油管线。

②油量计座：用于燃油通道及油量观察。

③燃油箱盖：用于密封燃油箱，由此盖向燃油箱中注入燃油。

④排气螺钉（通气阀）：位于燃油箱盖上，用于消除负压。使用舷外机前，逆时针旋转1～2周，打开排气通道。停止使用机器时，关闭该螺钉，避免燃油挥发，减少损失，杜绝安全隐患。

⑤燃油单向油泵：按照接头上的指示方向单向泵油到发动机，挤压注油泵时保持出口端向上。

（4）换挡杆。

切换换挡杆，改变船艇的行进方向。

（5）阻风门按钮。

①阻风门按钮是启动时的辅助装置，向外拉出即为开启状态。

②舷外机启动状态良好时，无须开启此按钮。

③舷外机启动后，及时按下此按钮复位，否则会造成机器高温、无力、怠速熄火、浪费燃油等后果。

④冷机启动时，不要长期开启此按钮。

（6）手动启动手柄。

①该装置用于手动启动机器。

②拉启该装置之前，确认换挡杆在空挡位置，并适当开启油门。

③启动时，缓慢转动手动启动手柄直到感觉到阻力，然后用力直接拉出以启动舷外机。若舷外机没有启动，请重复该步骤。

④在舷外机启动后，缓慢地将手动启动手柄送回到原始状态，再放手。

（7）操舵手柄。

操舵手柄用于船艇方向控制及舷外机行进速度控制，左右摆动操舵手柄，可改变船头行进方向。

（8）油门握把。

位于操舵手柄上。逆时针旋转油门握把，舷外机将提速；顺时针旋转油门握把，舷外机将减速。

（9）油门指示器。

油门指示器上的燃油消耗曲线显示每个油门位置的相对燃油消耗量。

（10）油门摩擦调节器。

为油门握把或遥控杆的运动提供可变电阻，且可按操作者的偏好进行设置。如需增加阻力，则顺时针转动调节器；如需降低阻力，则逆时针转动调节器。请勿将摩擦调节器调得过紧。如果阻力太大，则很难移动遥控杆或油门握把，会导致事故的发生。

（11）纵倾调整杆。

纵倾调整杆用来调整发动机的纵倾角。夹紧托架上有 4 个或 5 个孔，将纵倾调整杆定位在合适的孔中，以调节舷外发动机的纵倾角。

操作方法：

①停止舷外机。

②将舷外机向上倾斜，然后将纵倾调整杆从夹紧托架上取下。

③重新将纵倾调整杆定位在合适的孔中。

如欲抬起船头（"纵倾向上"），使纵倾调整杆远离艉板。

如欲降低船头（"纵倾向下"），使纵倾调整杆靠近艉板。

在纵倾调整杆处于不同角度时进行试运行，以找出最适合船只运行的位置。

在调节纵倾角前，应停止舷外机，并且要注意以下几点：

a. 当拆下或安装纵倾调整杆时，应小心以防挤压。

b. 纵倾调整杆每移动一个孔位，舷外机的纵倾角大约变化 4°。

三、冲锋舟（橡皮艇）操作流程

（一）安装准备

（1）安装或拆卸橡皮艇前，先要清理附近的硬物。

（2）将艇打开并放平。

（3）查验气阀的弹簧杆是否关上，逆时针方向旋转直至弹簧杆凸出。注意气充到 6 成满后，先安装支架和坐板。

（二）安装底板

艇头充气 3 成后方可安装底板，安装底板时，板面要向上。

1 号板装在船头；2 号板装在船尾；4 号板和 3 号板装在 1 号板和 2 号板的夹扣中，4 号板和 3 号板装在正确位置并用力向下压稳。

（三）安装支架、船桨

（1）用桨将一边船底托起后，稳固地安装支架，装好一边再装另一边。

（2）安装船桨时，一定要拧紧桨帽。

（四）充气

（1）用可调节气压和开关的电气泵充气。

（2）充满气后一定要盖好气阀盖，以免杂物进入气阀中发生漏气，且气候和操作方式会影响船的气压，热会上升、冷会下降，如长时间存放，需排出部分气体；不可用充车胎气泵充气，因排出气体太强容易损坏船身夹缝和防水膜；先将艇头充足气后再充足其他部位。

（3）充气时，每条储气管要平均充气，以免损坏排气阀。

（五）上舟前检查事项

（1）现场环境确认：包括水域环境、陆地环境、气候环境。

（2）自我防护穿戴：交叉检查浮力马甲、水盔是否穿戴正确，各安全部件是否良好到位。

（3）舟艇安全检查：应检查冲锋舟（橡皮艇）各气舱充气情况、充气阀是否锁止、排水阀启闭状态。

（4）随艇装备检查：检查桨、求生口哨、救生圈或浮力马甲是否完好、到位。

（5）通信设备检查：确认手台频率是否一致，并通联测试。

（六）下水行驶

1. 桨划式行驶

动作要领：操作人员侧身坐于艇沿，重心微向内，目视前方，划桨时要护好桨头，避免误伤队友，注意划桨动作的协调一致。

口诀：轻坐艇上手握桨，侧身双腿微向前，手护桨头防误伤，同心协力速向前。

2. 舷外机驱动式行驶

（1）舷外机的安装。

①安装步骤。

a. 两名操作手从箱内将舷外机抬起，引向艇的艉板以外。

b. 将悬挂支架卡入艉板，移动舷外机至艉板中心线上。

c. 用手旋紧夹紧固定螺杆（航行30min后应再次旋紧）。

d. 将安全绳的一端系于艇体上。

e. 调整悬挂倾斜角，使舷外机与水面垂直。

f. 检查安装水位线，确保安装水位线与水面接近。

②选择正确的安装位置。

居中要求：在船艇保持良好的平衡状态下，将舷外机安装在中心线（龙骨线）处。

高度要求：

a. 舷外机防涡流板以低于船底20～50mm为最佳状态。

b. 舷外机防涡流板和船底之间的距离，直接影响舷外机的功率，从而降低船艇的速度。

若舷外机防涡流板和船底之间的距离过小，或者舷外机防涡流板高过船底，将会产生涡流现象，从而减小推进力；甚至导致螺旋桨直接打空，舷外机转速急速升高，舷外机过热。

若舷外机防涡流板和船底之间的距离过大，则水的阻力过大，会降低舷外机的效率。

③紧固舷外机。

紧固方法：

a. 将舷外机放置于艉板上，找到正确位置，均衡紧固艉板夹紧螺栓。

b. 操作舷外机时应时常检查艉板夹紧螺栓是否因舷外机振动而松动。

（2）启动舷外机前的检查。

①检查燃油系统是否泄漏，燃油箱和燃油管线是否有裂纹、膨胀或其他损坏情况。

②检查燃油过滤器是否清洁且无水。

③将操舵手柄移至最左和最右端，将油门握把从完全闭合位置转至完全开启位置，检查是否运行顺畅；查找油门和换挡钢索的松动或损坏的连接。

④检查急停开关安全索是否有损坏现象，如切割、破裂和磨损。

⑤检查发动机是否安装紧固；检查螺旋桨是否损坏。

⑥安装顶罩，扣紧锁定杆，确保顶罩贴合橡胶密封件。

（3）舷外机启动。

①输送燃油。

a.将燃油箱盖上的排气螺钉拧松 2 圈或 3 圈，排空燃油箱内空气后再将其拧紧。

b.如果发动机上装有燃油接头，则挤压以使燃油管线牢固地连接于发动机的接头上，然后将燃油管线的另一端牢固地连接于燃油箱的接头上。

c.如果船外发动机配备有操舵摩擦调节器，则将燃油管线牢固地连接到燃油管线线夹上。

d.挤压启动注油泵，同时保持箭头向上，直至感觉油泵杆变紧。

②启动舷外机。

a.将齿轮换挡杆置于空挡位置。

b.将急停开关安全索系于操作者的衣服、手臂或腿部的安全处，然后在拉索的另一端安装线夹。

c.将油门握把置于"启动"（START）位置。

d.完全拉出/转动阻风门按钮。发动机启动后，将阻风门按钮转至第二挡或第三挡以预热发动机。当发动机完全预热后，将阻风门按钮转回原始位置。

e.缓慢转动手动启动手柄，直至感觉到阻力，然后用力向外拉动曲轴，启动发动机，必要时重复此操作。

f.舷外机启动后，将手动启动手柄缓慢转至原始位置，然后放开。

g.将油门握把缓慢转回至完全停止位置。

【注意】

从冷却水观察孔观察水流是否稳定，如果无水流出，要立即停机并检查冷却水入口或冷却水定位孔是否堵塞。

③发动机预热后检查。

a.换挡检查:在牢牢系泊且没有使用油门时,确认发动机顺畅地向前和向后换挡,并返回到空挡。

b.停止开关检查:检查并确认当线夹从发动机停止开关中拉出时发动机停止。

④重新启动。

(4)舷外机换挡。

①挂前进挡或倒退挡。

油门处在怠速状态,将换挡杆稳且快速地向前(至前进挡)或向后(至倒退挡)转动(约35°)。

②挂空挡。

油门处在怠速状态,将换挡杆稳且快速地移到空挡位置。

(5)加油。

逆时针旋转油门握把将提速,顺时针旋转油门握把将减速。

(6)停船。

船只未配备单独的制动系统,油门握把转回至怠速状态后,水的阻力会使船停止。停船制动距离的差异取决于总重、水表面状况和风向。

【注意】

a.换挡前,确保附近水域无游泳者或障碍物。

b.严禁使用倒挡功能减速或让船只停止、高转速切换挡位。

c.如果挂入前进挡位后,不能切换到空挡,请立即熄火。

d.将主开关旋转至"OFF",或者按下舷外机急停开关,以确保舷外机停止。

e.确保拔掉急停开关安全索后,舷外机熄火。

f.确保拔掉急停开关安全索后舷外机不会被启动。

g.请勿使用倒退挡功能减速或让船只停止,否则将会引致失控、弹出或撞击,导致驾乘人员受到伤害,还会损坏换挡装置。

h.以一定速度行驶时请勿换至倒退挡,否则可能导致船只失控、沉没或损坏。

(7)离岸要领。

参训队员分班组迅速、有序登船,分左右两船舷坐下,两手严禁把扶于船舷外侧,应紧抓船舷内不锈钢管或缆索,以免船与船之间碰撞时,挫伤手臂。发动机怠速3~5min,观察排水孔是否正常排水,确定左右船距,怠速状态下迅速挂倒挡,慢加油倒车,转向(可以现场统一倒车摆舵方向,避免相邻两船左右交叉碰撞,如全船右舵倒车），确定前进航线，怠速状态下迅速挂前进挡，慢加速行进。

（8）停止舷外机。

在停止舷外机前，先让其在怠速或低速状态下冷却几分钟。在高速运行后，建议不要立即停止舷外机。

①推按舷外机急停开关，或将主开关转至"OFF"（关）。

②停止发动机之后，紧固燃油箱盖上的排气螺钉，并将燃油旋塞杆调节至关闭位置。

③使用外置燃油箱时，断开燃油管线。

【注意】

如果船外发动机装有发动机关闭拉索，则可通过拉动拉索，并取下发动机关闭开关的线夹来停止发动机。

（9）靠岸要领。

靠岸关键是把握舟艇自由冲程。船舶在不同航速、流速下，怠速状态下停车至船舶速度为零时，所滑行的距离为停车冲程；倒车至船舶完全停住时所滑行的距离为倒车冲程，也称自由冲程。影响船舶冲程的因素主要为排水量、船速、发动机倒车功率、船型系数、外界因素等。其中在其他条件一定时，排水量越大，冲程就越大；船速越大，冲程越大；倒车功率越小，冲程越大（交替操控船舶前车、倒车来控制自由冲程）。另外，柴油机冲程比汽油机小10%左右，船舶在顺风、顺流航行时，船舶冲程增大，在浅水中航行比在深水中航行冲程小，船舶污底严重，阻力增加，船舶冲程也就减小。在实际操作中，应主张早松油门早减速，靠岸点位早确定。具体来说，新学员在静水中操纵，应提前50m慢松油门减速，如果冲程过大，可能会碰撞岸边，应在距离岸边10m左右处，怠速状态下挂倒挡，减少冲程，总的要求是应做到船舶无声靠岸。

（七）拆卸回收

（1）拧开气阀盖，打开全部气阀后，再压下弹簧杆并顺时针方向锁住。

（2）如是铝踏板，拆除铝支架，拆除中间踏板后再拆船头板和船尾板。

（3）将船底向下，先把船舷两边折向船身，再由船尾折向船头。

（4）储存前应保证船体干燥，以防发霉，船应储藏在清洁干爽的地方，小心小动物破坏船身。

（5）所有船布都可用洗洁精和清水清洗。注意不可用含乙烯基溶剂、含氯的清洁剂、汽油等清洗船身。

(八)其他注意事项

1.索引绳、锚、系留绳

(1)当充气船被另一只船索引时,充气船上不能坐人。索引绳必须安全地系在充气船两边的 D 环上。

(2)锚和系留绳必须安全地系在 D 环上。

(3)气囊故障:如果出现气囊故障,则将重量转移到相反方向。系上或抓紧漏气的地方,迅速划向就近陆地。

(4)水上危险:通常包括船只失事、暗礁、乱石滩、沙洲、浅滩。遇到浅滩时须尽量绕开或小心通行。

2.滩头系留

不要将船驶上沙滩,不要在石滩、沙滩或道路上拖拉船只,以免对船只表面造成损伤。

3.克服碰撞

在拥挤水域中航行时,要特别注意在对驶、并进(行)或追越的过程中,如果两船距离过近,压力不平衡,可能导致船舶互相吸引或排斥,产生波荡和偏转,发生碰撞。

4.预防船间效应(船吸)

(1)影响因素。

①船舶横距:指两船最大外舷之间的横向间距。两船的横距越小,船吸影响越大。当横距小于其中较短船只长度的 1/2 时,船吸现象尤为显著,有引起接触和碰撞的危险。

②船舶航向:一般指船头指向的方向,在此特指同向行驶中的并行、追越,以及对向行驶中的错车。两船航向相同时比航向相反时(错车)的影响大。两船航向相反时(错车)互相影响时间短,作用力消失得很快,而两船处于同航向的追越关系时,受到作用力的时间长,船吸影响也大。

③船速:指单位时间船舶航行距离。船速越大,则船侧水的压力变化越大,兴波越激烈,两船间相互作用也越显著。

④船舶排水量:指船舶在一定状态下的总重量,通常以 t 为单位。分为满载排水量、空船排水量。排水量等于船舶悬浮在水中所排开水的体积重量。船舶排水量越大,产生的反作用越激烈。两船的排水量相差越大,小船受到的船吸影响越显著,小船越容易发生偏位而冲碰大船。

(2)预防措施。

①在狭窄航道追越他船前,应根据避碰规则,给被追越船让路,并尽可能加大

两船之间的横距。在航道较宽的水域追越时，两船之间的横距至少应大于其中较长船只长度。

②在追越过程中，被追越船在不影响舵效的情况下应尽量降低船速，而追越船可适当加速，以便尽早越过。当两船之间距离受到水深或其他限制时，双方均应酌情降低船速。

③两船对遇时，若相互之间距离受限于航道条件，双方都应先以缓速行驶，待船首互相通过时，可加车（指加速）以增加舵效，稳住船首向，使吸引力的作用尽快消失。

④两船对遇在船首相平后，有互相排斥的趋势，各自向外偏转，此时不宜用大舵角制止，以防船首到达对方正横低压区时加快向里偏转，出现船吸，引起碰撞。

⑤两船尽量避免在狭窄或浅滩处追越或对驶相遇。

⑥在追越过程中，当出现船吸迹象时，应立即停止或开倒车，并利用通信手段（鸣笛、灯语、旗语、喊话器等）迅速通知对方船只。

四、冲锋舟（橡皮艇）及舷外机日常保养

（一）冲锋舟（橡皮艇）日常保养

冲锋舟（橡皮艇）应设有专用仓库，指定专人负责维护及管理。要定期对防汛抢险冲锋舟（橡皮艇）进行检查及保养，使之始终处于临战状态，常见保养方法有：

（1）在每次起泊后，要对船体进行冲洗，对外漆面进行维护，保持船面干净整洁、无污染物。

（2）对挂机处艉板进行检查，防止出现磨损过大或固定艉板松动现象。

（3）存放时，最好做支架固定，必要时可以用废旧轮胎对凸起部位做保护，防止表面磨损。

（4）装卸冲锋舟（橡皮艇）要注意平衡、固定，防止碰撞，出现船体变形。

（二）舷外机日常保养

1. 使用后储运

（1）操作后，冲洗冷却水通道以防堵塞，同时清洗舷外机表面。

（2）当储存和运输船外舷外机时，断开舷外机上的燃油管线以防漏油。

（3）操作人员不得位于倾斜的舷外机下方。如果舷外机意外掉落，可能会导致重伤。

（4）用拖车载运船体时，不得使用倾斜支撑杆或倾斜支撑钮，否则会由于摇晃而与倾斜支撑杆发生松脱并最终导致跌落。如果舷外机不能在正常运行位置载运，则需要另外使用支撑装置进行倾斜固定。

（5）长时间储存机器时，将化油器内的燃油排出。变质燃油可能堵塞油道，从

而导致启动困难或故障。

（6）紧固燃油箱盖及排气螺钉。

（7）将舷外机进行运输或储存时，手柄向下侧放置，触地部位用软垫等铺垫。

（8）当舷外机存放时间较长（2个月或更长）时，建议由专业人员进行维护。

2. 定期维护

舷外机定期维护如表13-1所示。

表 13-1　　　　　　　　　　　　舷外机定期维护表

项目	行动	最初	每隔		
		10 小时	50 小时	100 小时	200 小时
		（1个月）	（3个月）	（6个月）	（1年）
阳极（外部）	检查/更换		●	●	
阳极（内部）	检查/更换				●
冷却水	清洁		●	●	
顶罩夹	检修				●
燃油滤清器（可分解）	检查/清洁	●	●	●	
燃油系统	检查	●	●	●	
燃油箱（便携式燃油箱）	检查/清洁				●
齿轮油	检查/更换	●		●	
润滑油加油点	加润滑油			●	
怠速（化油器型）	检查	●		●	
螺旋桨和开口销	检查/更换		●	●	
换挡连杆/换挡钢索	检查/调节				●
节温器	检查/更换				●
水泵	检查/更换				●
机油过滤器（筒）	更换				●
火花塞	清洁/调节	●			●

注：表中的维护周期是假定每年使用100小时，并对冷却水通道进行定期冲洗。当在不利条件下运行舷
　　外机时（例如延长拖捕），应对维护频率进行调整。

（1）清洁和调节火花塞。

火花塞是重要的舷外机组件，易于检查且可反映舷外机的工作情况。定期拆除和检查火花塞，有利于充分掌握机器的工作情况。

拆卸方法如下。

①将火花塞盖从火花塞上拆除。

②拆下火花塞。若电极被过度腐蚀，或严重积炭，应进行更换。

③确保使用符合规定的火花塞，否则会影响舷外机正常运行。

④安装火花塞时，将其紧固到正确的扭矩。

【注意】

在拆除或安装火花塞时，切勿损坏绝缘帽。如绝缘帽被损坏，则可能产生外部火花，并导致爆炸或火灾。

（2）检查或更换齿轮油。

①倾斜舷外机，使齿轮油排油螺钉处于最低点。

②拆下齿轮油排油螺钉和衬垫。

③拆除油位孔塞和垫圈，使机油完全排出。

④将舷外机垂直放置，从排油螺钉孔注入齿轮油。

⑤当齿轮油从油位塞孔流出时，先拧紧油位孔塞，然后紧固排油螺钉（建议每次更换齿轮油时更换垫圈）。

【注意】

若齿轮油呈乳状或含有大量金属颗粒，则齿轮箱可能已损坏。

五、总结

1. 重点

（1）掌握冲锋舟（橡皮艇）组装流程。

冲锋舟（橡皮艇）由铝合金底板、坐板、船桨、充气泵、排水阀、船头拖绳及安全绳等组成，要能按照正确流程组装冲锋舟（橡皮艇）。

（2）掌握舷外机操作流程。

舷外机主要由启动拉手、风门开关、燃油箱、油门把手、艉板夹紧螺栓、倾斜调整销、防涡流板、螺旋桨、排气口、熄火开关、机油注入口、空滤器、高压包、启动器等组成。

2. 难点

（1）掌握冲锋舟（橡皮艇）离岸、靠岸要领。

离岸要迅速、有序登船，分左右两船舷坐下，两手严禁把扶于船舷外侧，应紧抓船舷内不锈钢管或缆索，观察排水孔是否正常排水，确定左右船距，怠速状态下迅速挂倒挡,慢加油倒车,转向,确定前进航线,怠速状态下迅速挂前进挡,慢加速行进。

靠岸要早松油门早减速,靠岸点位早确定。应提前 50m 慢松油门减速,如果冲程过大,可能会碰撞岸边,应在距离岸边 10m 左右处,怠速状态下挂倒挡,减少冲程,总的要求是应做到船舶无声靠岸。

(2)掌握舷外机的启动。

新舷外机由于气缸和油路都处于未使用状态,内部无燃油,第一次启动时会比较难,可适量调节阻风门按钮,反复用力向外拉动曲轴,直到成功启动为止。

3. 要点:掌握桨划的动作要领

划桨时操作人员侧身坐于艇沿,重心微向内,目视前方,划桨时要护好桨头,避免误伤队友,注意划桨动作的协调一致。

第十四章　无人机灾情勘测

一、架空输电线路无人机灾情勘测概述

架空输电线路无人机(unmanned aircraft vehicle,UAV)灾情勘测属于输电线路巡检的工作内容,但不同于常规巡检,其往往对时间响应要求高,要求开展应急状态下的特定巡检,以便及时掌握灾情,有效评估对架空输电线路的影响,并组织抢修。

1. 发展现状

近年来,电力公司对各类无人机应用于电网生产开展了探索性研究,其中云南电网有限责任公司成功利用小型无人直升机进行输电线路施工中初级牵引绳展放;原国网宁夏电力公司检修公司(现为国网宁夏电力有限公司超高压公司)、云南电网有限责任公司、广东电网有限责任公司、广州供电局有限公司先后采用大型无人机、固定翼无人机、多旋翼无人机在日常线路巡检方面开展应用研究。在架空输电线路无人机灾情勘测方面,国网宁夏电力有限公司将无人机应用在电网灾后故障扫描分析中。国网湖南省电力有限公司电力科学研究院利用四旋翼无人机在冬季导线严重覆冰的情况下进行勘测工作。

2. 技术与应用现状

随着科学技术的发展,在我国,无人机技术与电力应用紧密结合,在电网规划设计、施工验收、电网巡检、发电巡检、特种作业等工作中,针对危险、紧急重复性任务设计一系列解决方案,为电力系统建设、运维等工作提供高效保障。大疆自主研发的御2、精灵4等机型具有身材小、能量大等特点,拥有更高清、流畅的热成像传感器和更高像素的可见光传感器,支持32倍数码变焦,可搭载RTK模块以实现厘米级定位,便携、可靠,能够高效洞悉作业现场细节,辅助作业决策。

二、主要灾情种类

(一)覆冰灾情

我国是世界上架空输电线路覆冰灾情最为严重的国家之一,线路覆冰事故给

我国带来了巨大的经济损失。特别是 2008 年年初,我国南方地区 13 个省电网遭遇了罕见而长期的低温、雨雪、冰冻天气,造成了极其严重的输电线路覆冰断线、杆塔倒塌事故。据统计,全国范围内架空输电线路被迫停运 36740 条,110～500kV 线路中共计 8381 座基杆塔发生倾倒或损坏情况,造成南方电网、国家电网直接经济损失分别达 150 亿元、140.5 亿元。

研究表明,线路发生覆冰的基本条件是温度低于 0℃、相对湿度大于 85％。但是在不同气象组合以及地形地貌情况下,形成的覆冰类型是不同的,主要有雨凇、雾凇、混合凇、干雪和白露。雨凇、雾凇、混合凇由于密度较大,会对线路造成较大影响,而干雪和白露密度小,其影响可以忽略。

输电线路覆冰会造成以下危害:

(1)破坏杆塔。线路覆冰过厚,会使杆塔机械荷重超载而折断。

(2)线路跳闸。对于导线垂直排列的线路,当下层导线上的覆冰先脱落时,导线就会迅速上升或上下跳跃,造成相间短路,使线路断路器跳闸,供电中断。

(3)弧垂将发生很大变化,造成悬垂绝缘子串倾斜,使金具承受较大的水平方向作用力。在覆冰过厚的档距内,会造成导线严重下垂而发生接地事故。

(4)绝缘子串覆冰后,会大大降低绝缘性能。当悬垂绝缘子串覆冰融化时,可能形成冰柱,使绝缘子串短路,造成接地事故。

综上所述,线路覆冰会造成机械和电气故障。若覆冰厚度超过设计值,线路发生机械故障,进而引发电气故障,这对电网的破坏力最大。

(二)山火灾情

输电线路因山火灾情出现跳闸事故通常是因为导线对地空气间隙被击穿,致使导线对地面物体放电,或是导线对杆塔突出的塔材、脚钉等放电,其中绝大部分击穿为导线对地放电。山火灾情对电网的危害包括两个方面:一是山火灾情直接对线路铁塔或输电线路造成物理损坏,影响电网的正常运行;二是山火灾情造成空气热游离而形成输电线路放电通道,导致线路跳闸,引发电网停电事故。

山火条件下影响空气间隙击穿电压的主要因素是气体的性质,包括空气密度、温度、湿度、气压和烟尘浓度。一般山火灾情造成的输电线路跳闸事故是由以上几个因素综合作用引起的。

山火发生时,输电线路附近的空气温度急剧上升,空气湿度减小,温度上升会导致压力增加,但是由于山火发生在开放环境,对整个大气环境的压力影响十分微小,可以认为气体压力不变。在温度升高、气压不变的情况下又会导致空气体积变大、密度变小,这些因素都使空气间隙的击穿电压降低。除此之外,山火发生时还会伴随产生大量的烟尘,这些烟尘中含有大量的带电粒子,降低了空气的绝缘性能,进一步降低空气的击穿电压。

（三）地质灾情

地质灾情主要包括地震、滑坡与垮塌、山洪、泥石流、地质沉降等。

造成输电线路地质灾情问题的成因主要包括两个方面，具体如下。

1.客观原因

输电线路地质灾害发生的一个重要原因是自然条件的影响，具体原因可能有：一是输电线路通过地段地质环境比较复杂，地质结构不稳定，比如山体岩层结构破碎，泥石流和大面积的山体滑坡时常发生；二是输电线路通过的地区可能年降水量比较多且集中，对山体进行频繁冲刷，难免会导致山体滑坡等灾害的发生。

2.环境原因

具体来说，环境原因主要有两点：一是线路施工引起环境地质的变化。输电线路工程完成后，塔基质量的施压会使原先山坡体的应力发生变化，尤其是有一定坡度的坡体，使下方坡体荷载增大，导致山体变形，同时在工程完成后人们的活动，比如开荒种地、破坏植被等也会造成水土流失。二是施工中对塔基周围的弃土处理不当。在输电线路中进行塔基施工时，随意地堆放挖掘的土层，特别是堆放在塔基的下方坡体位置，在降雨比较大且集中的季节，会对下方坡体进行频繁冲刷，从而造成滑坡、垮塌等地质灾害，对输电线路构成威胁。

三、无人机灾情勘测类型

随着无人机技术的迅速发展，针对架空输电线路的灾情种类，目前采用无人机进行架空输电线路灾情勘测也变得广泛，现针对不同的灾情勘测类型分别进行介绍。

（一）覆冰灾情勘测

目前针对覆冰灾情勘测技术进行了大量研究，主要的覆冰灾情监测技术手段有人工勘测、在线勘测、无人机勘测等。

1.人工勘测

早期对于输电线路覆冰情况的勘测主要是通过巡视人员现场观测来实现的；但由于输电线路覆冰受局部微地形气候条件影响大，而有些输电线路架设在人烟稀少、交通不便的地区，一方面极大地增加了巡视人员的劳动强度，另一方面也降低了监测结果的时效性和准确性。2008年南方冰雪灾害给我国电力行业敲响了警钟，凸显了实时监测输电线路覆冰情况的重要性。目前，为了掌握输电线路的覆冰情况，一般做法是在重覆冰区域设置覆冰观测哨所，架设模拟导线。此法的优点是原理简单，易于操作；缺点是成本高，危险性大。由于影响输电线路覆冰的因素非常多，因此该方法无法准确地反映输电线路的真实覆冰情况。

2. 在线监测

利用输电线路在线监测系统,工作人员可以及时了解输电线路的现场状况,以便在输电线路覆冰过厚时,及时采取除冰措施,避免重大事故的发生,为电力系统的安全运行提供保障。

我国根据研究现状提出基于全球移动通信短信业务的输电线路导线覆冰在线监测系统,其本身集成了气象条件监测,利用前人研究成果进行覆冰载荷计算、覆冰生长机理、导线舞动、杆塔和金具强度校验以及绝缘子覆冰闪络方面的理论研究,并借助中国移动或中国联通强大的通信网络进行实时数据传输,结合专家知识库和各种理论模型给出冰情预报,及时给出除冰信息,有效预防冰害事故。

3. 无人机勘测

早些时候无人机在覆冰勘测方面就已经有了一些应用尝试,2008 年,国家电网有限公司开展的科技减灾项目包括冰灾监测预警技术和冰灾监测预警系统的研究。2011 年,国网湖南省电力有限公司电力科学研究院和电网输变电设备防灾减灾国家重点实验室派出了技术小分队,携带新技术成果——四旋翼无人机,在湖南省电网建设有限公司的配合下,来到广东韶关市对江城线 1724 号耐张塔进行了高空近距离观冰尝试。2012 年,云南电网有限责任公司运用旋翼无人机开展线路特巡,应对覆冰应急Ⅲ级响应。

无人机通过载有高精度变焦可见光相机和短波红外相机对覆冰区域进行覆冰探测。高精度变焦可见光相机主要在白天工作,通过相机变焦,可实现对线路覆冰状况的整体把握和对局部线路覆冰状况进行进一步的细节分析。短波红外相机主要在大雾、大雪天以及夜晚(应急)能见度低时工作,可以弥补可见光相机所拍图像模糊的不足,以及查找线路故障。无人机对输电线路进行勘测,可及时了解输电线路覆冰范围及导线覆冰情况。

架空电力线路的覆盖区域广,穿越区域的地形复杂,为了掌握线路的运行状况并及时、有效地监测覆冰状态,每年都要花费巨大的人力和物力资源进行巡线工作。无人机技术的发展为架空电力线路覆冰勘测提供了新的移动平台。利用无人机搭载专业设备进行覆冰勘测,能有效地消除线路的安全隐患,提高巡线效率,降低巡线成本,具有高效、经济、安全、快捷的优点。

(二)山火灾情勘测

目前我国对山火灾情勘测技术进行了大量研究,其中主要的山火灾情勘测技术手段有卫星遥感勘测、终端装置勘测、无人机勘测等。

1. 卫星遥感勘测

我国卫星山火灾情勘测研究起源于 20 世纪 80 年代,到 90 年代初,从国外的 NOAA/AVHHR、EOS/MODIS 卫星到国内的 FY、CBERS、HJ 系列卫星,我国很快进入了山火灾情勘测研究应用阶段。国家林业局已建立了卫星林火勘测网络，能够联合制作和发布森林火险气象等级预报。中国林业科学研究院采用亮温-植被指数法，建立了基于 MODIS 数据的林火识别模型。20 世纪 80 年代后期已开始结合高空间分辨率卫星，如 TM、SPOT，全球定位系统 GPS 和气象卫星进行山、林火灾情勘测。

2. 终端装置勘测

我国在利用终端勘测装置勘测山、林火灾方面起步较晚，目前较多地使用了传感器监测（烟雾、CO_2）、图像视频监测、火焰探测（红外、紫外、光普雷达）等在线终端设备进行山、林火灾勘测。

3. 无人机勘测

在国外，美国国家航空航天局（NASA）和美国林业局于 2006 年 10 月在加利福尼亚州使用"牵牛星"（Altair）无人机在森林大火上空进行了两次飞行。使用 NASA 下属的艾姆斯研究中心提供的红外扫描器查明了主要火灾点，并将数据发送给地面站，大约每隔 30min 就向地面中继站传输火灾图像，几乎实时为消防人员提供了火场态势情报。此次任务的完成也标志着美国联邦航空管理局（FAA）首次批准民用无人机在国家空域内执行任务。

在国内，北京超翼技术研究所有限公司推出了一套"无人机森林防火预警系统"，该系统配备彩色 CCD 任务载荷或红外探测任务载荷。无人机配备彩色 CCD 任务载荷或红外探测任务载荷可在距地面 800～2000m 飞行高度对地面火场进行实时观察，将获取的图像数据实时传回地面，为地面消防部门第一时间提供火场态势情报，使消防部队迅速调配人员进行重点区域灭火工作，及时通知消防人员撤离危险地区，并根据火场图像资料为消防人员提供撤离路径。

利用无人机技术勘测山火灾情，获取的数据分辨率满足要求，但目前大多是单独利用可见光或红外载荷实现的，在勘测山火灾情方面存在一定的局限性。

针对目前山火灾情勘测存在的缺陷，可采用无人机搭载多光谱相机，由无人机操纵手遥控无人机飞行至火场处 200～1000m 高度，采集可见光、短波、中波、长波红外多个波段数据，利用可见光与三个红外波段进行山火灾情勘测识别，确定火场坐标、火场面积、火场边界以及火场蔓延趋势，实时勘测山火，为救援队伍提供火场信息，对危及输电线路运行的火情及时进行灭火，保障电网安全运行。

（三）地质灾情勘测

输电线路地质灾情勘测目前主要是使用历史 DEM（digital elevation model，数字高程模型）数据来计算坡度坡向。DEM 数据可以是从地质局、测绘局获取的高精度 DEM 数据，也可以是无人机航拍处理生成的 DEM。然后结合地质灾害发生地区历史数据，统计出易发生地质灾害的区域。

无人机制造成本低,适用于低空地质灾害勘测的无人机遥感系统造价从十几万元到几十万元不等。同时飞行成本低,无须专用跑道,可进行近地观测,分辨率高(可达 0.1m),安全可靠。相比于普通航空遥感,如完成一次地质灾害动态监测任务,无人机遥感只需花费十几万元到几十万元,为普通航空遥感的十几分之一,每次节约数百万元。若以每年完成十次任务计,每年节约的经费多达数千万元。

　　采用无人机低空遥感的地质灾害快速勘测技术,可对地质灾情监测区域进行无人机飞行航摄,其通过合理地设计和选择飞行时间、区域、路线,使用倾斜摄影技术来获取高分辨率的航空影像。对已发生的地震、滑坡与垮塌、山洪、泥石流、地质沉降等地质灾情地域进行实时勘测,及时、全面地回传灾害现场照片及视频信息,可为应急指挥决策提供第一手资料。

　　另外,无人机航拍获取的影像可以通过空三加密、正射校正、拼接镶嵌、匀光匀色等处理过程得到重点区域的 DEM 和 DOM(document object model,文档对象模型)数据。针对电力通道地形复杂、测绘区旁向重叠信息少、造成拼接精度差的问题,通过技术引进和应用创新,研制并选用电力走廊全景图快速生成软件,利用高分辨率影像、灾害评估信息可对紧急灾害,如地震、滑坡、崩塌、泥石流以及洪水等,提取准确、可靠的灾情定量信息,对处理灾害决策、减小灾害损失起着关键作用。

　　同时,可使用地质灾害发生地区历史数据中的一些地质灾害影像,进行可见光地质灾害特征提取;建立地质灾害的解译库和经验库;使用解译库对勘测区域全景图进行处理分析,同时伴以人工辅助判读,确定地质灾害发生区域。

四、无人机灾情勘测作业

　　多旋翼无人机与无人直升机统称为旋翼无人机,均具有可垂直起降的飞行特点,两者主要在载重能力、动力方式上存在区别。因此作业方式有相似之处,只是在具体的无人机平台上人员配备以及操作规程上存在不同。

(一)人员配备

　　无人机人员配备及职责说明如表 14-1 所示。

表 14-1　　　　　　　　　无人机人员配备及职责说明

序号	负责人员	岗位	职责
1	无人机操纵手	无人机及地面站操控	1.负责无人机组装、状态调试; 2.负责多旋翼无人机起飞前的最终检查和机体放飞; 3.控制无人机手动飞行及自主飞行,对飞行状态进行把控; 4.遇突发情况介入控制,保障安全前提下控制无人机返航,减少损失; 5.外场作业系统主负责人

序号	负责人员	岗位	职责
2	安全员	载荷控制，图传操作，作业指挥	1.载荷的上电、调试与操作； 2.地面站、医传设备的开机； 3.数据的采集和传输等任务操作； 4.作业过程中载荷的控制； 5.辅助无人机操纵手安全飞行； 6.载荷、图传等数据存储
3	驾驶员	运输保障	设备及人员的运输、转场

注：1.无人机操纵手和安全员共同对作业地点进行勘测，制订航线规划，使飞行效率最大化；

　　2.安全员在系统联调时，进行系统初步检查，无人机操纵手进行最后检查，最终下达放飞口令；

　　3.作业后，共同完成飞行记录。

（二）转场前准备

1.资料收集

（1）收集作业线路的台账数据。

（2）掌握近期天气信息、目前灾情发展状况以及后勤保障信息等。

（3）提前获取作业地点的坐标并熟悉作业区域地形，下载地面站任务区域地图。

2.装备准备

（1）机体及设备准备。

（2）设备检查。

（3）机体组装。

（4）对于远途飞行任务，预留出发货时间，提前做好设备的检查及装箱工作。

（5）设备装箱时做好防护措施，防止运输途中设备损坏。

（6）明确系统状态，对系统进行调试与性能确认。出发前调试利于缩短作业周期，提高飞行作业稳定性和成功率。

（7）机组人员需了解任务目的及成果需求，便于及时合理规划飞行航路并选取任务载荷。

3.设备充电

对于本地飞行任务，可在作业前提前确认设备状态并完成电池的充电工作，以便任务当天快速进入作业飞行。

对于远途飞行任务，存在人员、设备分批抵达的情况，人员到达后需对运输后的设备进行检查，电池进行充电，并选取起降点。

4.空域申请

根据《低空空域使用管理规定（试行）》，低空空域原则上是指全国范围内真高

1000m(含)以下区域。山区和高原地区可根据实际需要申请,经批准后可适当调整高度范围,并根据无人机分类标准进行空域报备。

中国民用航空局飞行标准司于2015年12月29日颁布实施的《轻小无人机运行规定(试行)》中对无人机的分类标准如表14-2所示。

表14-2 《轻小无人机运行规定(试行)》中对无人机的分类标准

分类	空机质量/kg	起飞全重/kg
I	(0,1.5]	
II	(1.5,4]	(1.5,7]
III	(4,15]	(7,25]
IV	(15,116]	(25,150]
V	植保类无人机	
VI	无人飞艇	
VII	可100m之外超视距运行的I、II无人机	

依据《通用航空飞行管制条例》,若无人机量级较小,且不涉及机场飞行空域、航路、航线,需要划设临时飞行空域,向有关飞行管制部门提出划设临时飞行空域的申请。

(三)无人机勘测作业流程和方法

1.明确勘测任务

在无人机上搭载所需载荷,使用多旋翼无人机对灾情进行勘测,根据应急指挥部的要求拍摄现场照片,实时报告现场情况,协助救援人员完成救援。

2.作业前准备

在任务飞行前要再次确认飞行场地以及物资完备情况,相关参加人员积极配合。

3.现场布置准备

到达作业场地后,作业人员根据现场情况布置设备。

(1)多旋翼无人机现场布置。

(2)外场人员选取视野开阔、无遮挡的区域放置无人机及相关设备,保证无人机操纵手的视野良好和数据通信的通畅。

(3)外场作业人员要在无人机与设备间留出5m的安全距离,防止无人机起飞时的气流和尘土对人员和设备造成影响。

(4)图传接收天线和电台发射端间留有1m左右距离,以避免链路间的干扰。

4.勘测方法

勘测可分为自主勘测(设定巡航速度与巡航点)与手动勘测。多旋翼无人机与无人直升机飞行方式相似,因此勘测方式与方法相同,以下以多旋翼无人机勘测为例进行阐述。设备连接后,外场作业人员对设备进行地面静态联试,内容包括无人机状态、地面站状态、云台状态和图传状态的检查。地面静态联试无异常后,作业人员进行短暂试飞与动态调试。

(1)手控飞行时,飞行步骤如下。

①遥控器开机,检查电量及屏幕。

②确认线缆与桨叶、云台留有间隙。

③搭载载荷于无人机上,给无人机安装电池。

④检查图传接收机显示屏显示的图像质量,确定图传系统工作正常。

⑤观测飞行器上的信号指示灯闪烁是否正常。调整无人机飞行模式。

⑥确定飞行器信号指示灯正常后,执行掰杆动作。

电机启动,确定所有电机都正常工作后,再慢慢提油门使飞行器飞离地面(飞行器离地后,如果姿态不佳,则立即降落)。飞行过程中,油门摇杆不要拉至满量程10%以下。

⑦在无人机飞行过程中,无人机操纵手视线紧盯遥控器屏幕,并与安全员保持沟通,掌握无人机高度、距离、机载电池电压及飞行时间等信息,正确判断无人机飞行状态并及时完成对灾情的勘测。应急指挥部根据实时拍摄的图像及影像了解灾情信息,便于检修及救援行动安全有效地开展。

⑧勘测任务完成后,无人机操纵手遥控无人机返回并安全降落。

(2)采用地面站程控飞行时,飞行步骤如下。

①同手控飞行步骤①~⑤。

②确认地面站系统正常,关闭其他会导致端口冲突的软件。

③打开地面站软件,创建航线。

④确定需要勘测的区域,生成测区,选择当前使用的相机焦段。智能摆动功能开启,生成一条摆动拍摄的航线。

⑤在同一界面设置云台角度,作业中,云台将根据该角度,朝五个方向转动(一般云台角度设置为-45°)。云台角度设置完成后,进行高度设置,对架空输电线路来说,高度一般设定为高于塔顶15m(被摄面相对起飞点高度设置为0m),然后进行高级设置和负载设置。

⑥保存当前参数。

⑦进入相机界面,设置相机模式、ISO以及EV值。

⑧设置完成后,遥控无人机到达勘测区。

⑨无人机到达勘测区后,切换到"地图"界面,点击右边三角形符号,进入"飞行准备"界面,确认完成动作、飞行模式等项目正确后开始执行自主勘测;飞行过程中,云台将按照智能化轨迹,进行多角度摆动拍摄,对测区进行全面勘测。

⑩降落工作。自主勘测完成后,手动降落无人机。

⑪设备整理及撤收。无人机着陆后,按如下步骤进行整理及撤收:

a.数据备份。

b.计算机及图传接收机等设备断电,天线等设备连线断开。

c.无人机桨叶拆除并装箱。

d.工具清点并装箱。

5.上报

向应急指挥部汇报勘测内容以及灾情状况。

(四)无人机勘测注意事项

(1)保障设备的安全,避免设备在运输过程中受到损坏。

(2)飞行过程中保护自身及他人安全。紧急情况发生时,听从指挥有序撤离。

(3)选好工作地点,评估飞行风险点,提前做好预案。

(4)做好空域申请方面的工作。

五、总结

1.重点

无人机灾情勘测作业流程。

无人机灾情勘测前,先要进行转场前准备,包括材料的收集、机体及设备的准备与检查、系统的调试、设备充电等工作。到达现场后,再次确认飞行场地及物资情况,明确勘测任务,之后选取合适场地进行现场布置,保证无人机及设备之间的安全距离。布置完成后,给无人机搭载相应的载荷,再执行起飞,对灾情进行勘测。

2.难点

无人机程控飞行。

无人机在进行程控飞行时,要保证参数设置合理正确,相机选择无误后,方可执行任务。

3.要点

无人机灾情勘测的方法。

无人机勘测包括自主勘测和手动勘测。自主勘测时,无须过多地对无人机进行操作,在进行设置后无人机将根据给定的航线对勘测区进行全方位的勘测。手动勘测时,需要操纵无人机对灾情区域进行勘测,根据需要对特定区域进行拍摄,及时了解灾情。

第十五章　森林草原火灾处置

一、森林草原火灾基础知识

(一)输电线路通道

森林草原火灾对输电线路通道危害极大。输电线路通道是指高压架空电力线路边导线,向两侧伸展规定宽度的线路下方带状区域。

在厂矿、城镇等人口密集区域,架空输电线路保护区的区域可略小于上述规定区域,但各级电压导线边线延伸的距离,不应小于到现在最大计算风偏后的水平距离和与建筑物的安全距离之和。电压等级与边线外距离对应表如表 15-1 所示。

表 15-1　　　　　　　　　　电压等级与边线外距离对应表

电压等级/kV	边线外距离/m	电压等级/kV	边线外距离/m
110(66)	10	±400	20
220~330	15	±500	20
500	20	±660	25
750	25	±800	30
1000	30	±1100	40

线路下方带状区域是指架空电力线路保护区:保护区宽度＝两个边相导线间距＋2×延伸距离。

(二)山火

山火是一种发生在林野并且难以控制的火情。山火发生必须具备三个条件:天气条件、可燃物和火源。前两者是必备条件,后者是人为因素。近几年山火大多是由人类吸完烟后随手扔掉的烟头、故意纵火、雷击、线路故障等引发的。

(三)山火引起输电线路跳闸原理

山火产生的高温易引起空气分子热游离,从而产生大量带电粒子,增加空气的导电性。一方面,带电粒子随高温气流和烟雾不断往上发展,导致导线周围空气间隙绝缘性能下降;另一方面,烟尘中的颗粒物被电场极化,趋向于沿着电场的方向排列成杂质"小桥",增加了空气的导电性,而火焰本身具有一定的导电性,绝缘间隙被火焰覆盖时,可能直接在火焰中建立导电通道而引起放电。综合以上原因,山火易导致输电线路外绝缘的损坏而引起放电,导致跳闸。高温产生的绝缘间隙损坏会持续较长时间,跳闸后重合闸很难成功。

二、森林草原火灾的预防措施与处置办法

(一)森林草原火灾的预防措施

1.汲取经验教训,健全制度措施

严格落实国网有限公司、国网宁夏电力有限公司文件要求,召开森林草原输配电线路火灾隐患排查治理专项行动部署会,印发《森林草原输配电线路火灾隐患排查治理专项行动实施方案》。

严格按照方案要求开展森林草原火灾隐患排查治理工作,具体如下:

一是根据线路通道可燃物和火源情况,明确防山火事故重点区域和地段。

二是根据当地地区习俗及气候特点划分防山火重点时段,如春节、清明(上坟祭祖)、秋收(秸秆焚烧)等。

三是根据防山火重点区段和重点时段,制订山火特巡计划,必要时开展防山火现场蹲守。

四是对重点林区开展地毯式排查,梳理出线路穿越林区区段、农耕烧荒多发区段,排查出通道树木隐患,并将需要绝缘化的线路改造项目列入本年度治理计划。输电线路防山火重点时段特巡频次要点如表 15-2 所示。

表 15-2　　　　　　输电线路防山火重点时段特巡频次要点表

序号	防山火重点时段	重点时段对应月份	特巡频次	特巡要点	备注
1	春节	2 月	每日 2 次	祭祀烧纸、树木茂盛	—
2	春耕	3 月	每日 1 次	烧荒	—
3	上坟祭祖(清明)	4 月	每日 2 次	祭祀、烧纸	—
4	秸秆焚烧(夏收、秋收)	9 月	每日 1 次	秸秆焚烧	—
5	其他特殊时段(易发山火、节日庆典、连续晴热干燥天气等)	12 月、1 月	每日 1 次	灌木、蒿草茂盛处	—
6	……	……	……	……	……

2.提高政治站位,狠抓责任落实

一是提高思想认识,树立"生命至上,以人为本"理念,发现火情后立即向当地政府报告,不盲目施救,坚决防范次生灾害事故发生。

二是严格落实"设备主人"制,按照输电线路"区长＋线长"、变电站"站长＋成员"、配网线路"区长＋线(台)长"的管理模式,将主体责任落实到每名"设备主人"。

三是发挥属地化管理成效,建立设备主人、属地化运维人员及外聘护线员相结合的火灾防控网络,确保险情发生后,信息报送及时,应急处置及时。

3.强化宣传力度,倡导群防群治

(1)新媒体宣传。

利用抖音、今日头条、微信公众号(图 15-1)等一系列新媒体渠道进行山火宣传,新媒体手段对于人民群众来说传播更加快速且更易于接受,群众的印象也更加深刻。

图 15-1　微信公众号

(2)发放宣传资料。

在山火高发期前,运维单位通过多种形式做好防山火内部宣传动员。通过沿线发放防山火宣传单和画册(图 15-2)、设置警示牌、与政府部门联合等多种形式,在山火危险地段、历史山火易发地区和人口密集区开展外部宣传。

(3)开展专题宣讲会。

各级公司单位应该定期到山火易发的周围乡镇开展输电线路通道防山火的专题宣讲会,给人民群众宣贯山火预防措施和输电通道周围不能种植树木等一系列知识。

图 15-2　发放宣传资料

4. 建立联防机制,深化信息共享

与林业、消防等政府部门之间建立火情共享机制。通过特巡蹲守、巡视、排查、运维、图像或视频监控系统发现的火情信息,应第一时间向上级部门和应急管理局、自然资源局等政府部门汇报。

(1)特巡蹲守。

根据当地习俗及气候特点划分防山火重点时段。运维单位根据线路通道可燃物和火源情况,划分防山火重点区段。防山火区段分级标准如表 15-3 所示。针对重点区段,在重点时段,通道巡视每日不少于 1 次,护线员每日开展不间断巡视,对于重要输电通道,安排专人 24h 驻守。

表 15-3　　　　　　　　　　防山火重点区段划分(参照)

防火级别	含义
Ⅰ级防山火区段	存在火源隐患,跨越成片浓密茅草、蒿草以及茅蒿草与松树林混合植被,且最小净空距离小于 20m 的线路区段
Ⅱ级防山火区段	存在火源隐患,跨越成片灌木、乔木,且最小净空距离小于 20m 的线路区段;线路下方植被为成片树林的线路区段

(2)巡视。

在春夏等特殊季节和清明等特殊时段,针对线路周边的林场、垃圾场、废品收购站、木材厂、村庄等重点部位开展防火特巡,检查防风防火措施的落实情况。

结合线路巡视,调查统计保护区内及周边可能造成输电线路故障的各类火灾隐患,与相关管理部门、单位及个人签订安全协议并建立档案。

（3）排查。

对保护区内及周边存在火灾隐患的林场、建筑物、构筑物以及违章堆放易燃易爆物品的情况，向相关管理部门、单位及个人下达"安全隐患告知书"，明确整改要求，限期消除安全隐患。

对下达整改通知的隐患加强巡视检查，督促相关单位和个人限期整改，直至隐患消除；针对存在较大火灾隐患但拒不整改的单位及个人，联合政府电力设施管理部门依法对其中止供电并予以处罚。输电线路引发森林火灾隐患明细如表15-4所示。

表15-4　　　　　　　　　　　　　输电线路引发森林火灾隐患明细表

线路或台区名称	线路区段	地理位置	火灾隐患类型	隐患具体描述
固瓦线	94#—95#、112#—117#、120#—122#	固原市泾源县六盘山镇	通道或易燃物	110kV 固瓦线 94#—95#、112#—117#、120#—122# 杆塔位于六盘山林区，属国家森林保护区，植被茂盛，部分松树超高树枝靠近导线
袁火线	39#—40#	固原市西吉县火石寨	通道或易燃物	35kV 袁火线 39#—40# 杆塔位于火石寨林区，属森林保护区，植被茂盛，部分松树超高树枝靠近导线
固任线	63#—110#	固原市彭阳县任湾乡	通道或易燃物	110kV 固任线 63#—110# 杆塔位于挂马沟林场，属森林保护区，植被茂盛，部分松树超高树枝靠近导线
瓦蒿线	7#—40#	六盘山林业局和商铺林场	通道或易燃物	110kV 瓦蒿线 7#—40# 杆塔位于六盘山林业局和商铺林场，属森林保护区，植被茂盛，部分松树超高树枝靠近导线
绿蒿线	8#—57#	六盘山林业局和商铺林场	通道或易燃物	110kV 绿蒿线 8#—57# 杆塔位于六盘山林业局和商铺林场，属森林保护区，植被茂盛，部分松树超高树枝靠近导线
瓦泾线	25#—62#	固原市泾源县六盘山镇	通道或易燃物	110kV 瓦泾线 25#—62# 杆塔位于六盘山林区，属国家森林保护区，植被茂盛，部分松树超高树枝靠近导线
	64#—88#	固原市泾源县香水镇	通道或易燃物	110kV 瓦泾线 64#—88# 杆塔位于香水镇林区，属森林保护区，植被茂盛，部分松树超高树枝靠近导线
绿泾线	19#—69#	固原市泾源县六盘山镇	通道或易燃物	110kV 绿泾线 19#—69# 杆塔位于六盘山林区，属森林保护区，植被茂盛，部分松树超高树枝靠近导线
	79#—101#	固原市泾源县香水镇	通道或易燃物	110kV 绿香线 Ⅰ、Ⅱ线 79#—101# 杆塔位于香水镇林区，属森林保护区，植被茂盛，部分松树超高树枝靠近导线

（4）运维。

加强输电线路通道运行维护管理。杆塔周围、线路走廊内的树木及杂草要清理干净（图15-3），对线路走廊内不满足规程要求的树木，要坚决砍伐。

全面清理线路保护区内堆放的易燃易爆物品，对经常在线路下方堆积草堆、谷物、玉米秆等的居民，宣传火灾对线路的危害及造成的严重后果，并清除堆积草堆（图15-4）。

图 15-3　清除通道内隐患　　　　　　图 15-4　清除堆积草堆

（5）图像或视频监控系统。

一是在重要区段的杆塔上安装在线视频监测装置，通过视频监控平台对易发生山火地区时刻进行监控（图15-5），能够及时发现火情，并进行上报。

图 15-5　实时监控

二是借助自然资源局森林草原火情监控网络（图15-6），有效监控输配电线路沿线火情信息，第一时间掌握输配电线路通道状况。

三是利用乡镇供电所属地优势，协调乡镇、村委会，共同建立应急联动机制。

图 15-6 自然资源局森林草原火情监控网络

5.丰富技防手段,提升本质安全

通过采取"避、提、改、植、清、新"六项技防手段实现设备本质安全提升。

(1)"避"。

各级运检部门和运维单位参与新建线路的可研评审与路径选择工作,督促线路尽量避开成片林区、竹林区、多坟区、人口密集区及农耕习惯性烧荒区等易发山火区段,落实山火隐患避让措施。

(2)"提"。

各级运检部门和运维单位参与新建线路的初设评审与工程验收工作,督促落实防山火高跨设计,提高重要输电通道树竹清理标准,增强线路抵抗山火的能力。

(3)"改"。

运维单位应结合运行经验,开展线路隐患排查,对导线近地隐患点等达不到防山火要求的线路区段,宜采取硬化、降基(图 15-7)、杆塔升高及改道等措施进行技术改造。

图 15-7 线路通道下进行降基处理

（4）"植"。

对于经过速生林区的线路区段，运维单位应与当地林业部门或户主协商，采取林地转租、植被置换等措施，在线路通道外侧种植防火树种，形成生物防火隔离带，必要时修筑隔离墙或与林业部门同步砍伐形成防火隔离带。在线路保护区内将易燃、速生植物置换成低矮非易燃经济作物。

（5）"清"。

运检部门根据线路地形、植被种类及相关技术要求，按照线路重要性制定差异化通道清理标准，落实资金投入。根据通道清理标准开展通道隐患排查，建立防山火重点区段及防控措施档案。某 110kV 线路通道内树木、易燃物清理分别如图 15-8、图 15-9 所示。

图 15-8　某 110kV 线路通道内树木清理　　图 15-9　某 110kV 线路通道内易燃物清理

（6）"新"。

各级运检部门和线路运检单位探索推广山火监控、新型灭火装备等新技术的应用。

①视频监视：在山火高发区域安装山火视频监测装置，利用计算机终端可实时观察监测图像（图 15-10），当出现疑似山火时，系统自动报警，提醒线路运维人员注意防范。

②人工降雨：在山火高发时段、高发地区采用人工干预降雨的方式增加植被湿度，防止山火的发生，或在山火发生后，使用人工干预降雨扑灭山火，如图 15-11所示。

③防山火瞭望哨：在山火高发地区建立防山火瞭望哨，采用人工驻守监视的方式进行山火监测，如发现山火，第一时间通知线路运维人员采取相关紧急措施。

④无人机观察火势：一旦收到山火发生的消息，可以通过操作无人机来观察火势蔓延的方向和速度，并及时采取应对措施。

图 15-10　实时视频监测

图 15-11　人工降雨

6.做好应急管理,提高处置能力

(1)修订预案,时刻响应。

先修订山火应急预案,发生火灾时,根据预案进行响应。

①事件分级。

根据森林草原火灾造成的电网设备设施受损程度、影响范围、可能导致的电网紧急情况等,将森林草原火灾分为四级,即特别重大事件、重大事件、较大事件、一般事件。

a.特别重大事件。

出现下列情况之一的,为森林草原火灾特别重大事件:

(a)发生森林草原火灾,造成电网设备设施较大范围损坏,减供负荷或停电用户数达到《电力安全事故应急处置和调查处理条例》规定的特别重大事故。

(b)发生森林草原火灾,造成电网设备设施大范围损毁,直接经济损失1亿元以上。

(c)国网电力公司应急领导小组根据森林草原火灾危害程度、社会影响等综合因素,研究确定为森林草原火灾特别重大事件。

b. 重大事件。

出现下列情况之一的,为森林草原火灾重大事件:

(a)发生森林草原火灾,造成电网设备设施较大范围损坏,减供负荷或停电用户数达到《电力安全事故应急处置和调查处理条例》规定的重大事故。

(b)发生森林草原火灾,造成电网设备设施大范围损毁,直接经济损失5000万元以上1亿元以下。

(c)国网电力公司应急领导小组根据森林草原火灾危害程度、社会影响等综合因素,研究确定为森林草原火灾重大事件。

c. 较大事件。

出现下列情况之一的,为森林草原火灾较大事件:

(a)发生森林草原火灾,造成电网设备设施较大范围损坏,减供负荷或停电用户数达到《电力安全事故应急处置和调查处理条例》规定的较大事故。

(b)发生森林草原火灾,造成电网设备设施大范围损毁,直接经济损失1000万元以上5000万元以下。

(c)国网电力公司应急领导小组根据森林草原火灾危害程度、社会影响等综合因素,研究确定为森林草原火灾较大事件。

d. 一般事件。

出现下列情况之一的,为森林草原火灾一般事件:

(a)发生森林草原火灾,造成电网设备设施较大范围损坏,减供负荷或停电用户数达到《电力安全事故应急处置和调查处理条例》规定的一般事故。

(b)发生森林草原火灾,造成电网设备设施大范围损毁,直接经济损失1000万元以下。

(c)国网电力公司应急领导小组根据森林草原火灾危害程度、社会影响等综合因素,研究确定为森林草原火灾一般事件。

②山火预测:指监测预警中心在山火高发时段,开展线路中、短期山火预测并发布报告。中期山火预测是指对未来7天线路附近山火发生可能性(概率)进行预测;短期山火预测是指对未来3天线路附近山火发生可能性(概率)进行预测。

③山火监测:指监测预警中心开展山火卫星监测值班、卫星数据接收、热点数据分析与判识等工作。监测预警中心每日开展山火卫星监测,在山火高发期时开

展 24h 山火卫星监测值班。值班员通过输电线路山火卫星监测系统对国网山火高发省份输电线路山火进行实时监测;省设备状态评价中心通过客户访问端或省级山火监测子站系统开展相应值班工作;监测预警中心对卫星监测系统实时监测到的火点进行告警计算,通过电话或短信向省设备状态评价中心或线路运维人员发布火点对线路的告警信息。告警等级如下:

　　a. 一级告警:山火热点与线路距离小于或等于 500m。

　　b. 二级告警:山火热点与线路距离大于 500m,且小于或等于 1000m。

　　c. 三级告警:山火热点与线路距离大于 1000m,且小于或等于 3000m。

　　d. 不发告警:山火热点与线路距离大于 3000m。

　　④山火预警:包括山火预警级别判定,山火中、短期预报,山火预警建议和电网预警发布。根据森林草原火险等级、火行为特征、电网设备设施分布情况和可能造成的危害程度,森林草原火险预警分为四个等级,即一级、二级、三级和四级,依次用红色、橙色、黄色和蓝色标示,其中一级为最高级别。

　　a. 一级预警。

　　出现下列情况之一的,为一级预警:

　　(a)省级应急管理部门或省级森林草原防火指挥部发布森林草原火险红色预警。

　　(b)国网输电线路山火监测预警中心发布的红色预警。

　　(c)国网电力公司应急领导小组根据获取的预警预测和监测等各种风险信息、电网设备设施分布情况、可能危害程度、社会影响等综合因素,研究发布的红色预警。

　　b. 二级预警。

　　出现下列情况之一的,为二级预警:

　　(a)省级应急管理部门或省级森林草原防火指挥部发布森林草原火险橙色预警。

　　(b)国网输电线路山火监测预警中心发布的橙色预警。

　　(c)国网电力公司应急领导小组根据获取的预警预测和监测等各种风险信息、电网设备设施分布情况、可能危害程度、社会影响等综合因素,研究发布的橙色预警。

　　c. 三级预警。

　　出现下列情况之一的,为三级预警:

　　(a)省级应急管理部门或省级森林草原防火指挥部发布森林草原火险黄色预警。

　　(b)国网输电线路山火监测预警中心发布的黄色预警。

(c)国网电力公司应急领导小组根据获取的预警预测和监测等各种风险信息、电网设备设施分布情况、可能危害程度、社会影响等综合因素,研究发布的黄色预警。

d.四级预警。

出现下列情况之一的,为四级预警:

(a)省级应急管理部门或省级森林草原防火指挥部发布森林草原火险蓝色预警。

(b)国网输电线路山火监测预警中心发布的蓝色预警。

(c)国网电力公司应急领导小组根据获取的预警预测和监测等各种风险信息、电网设备设施分布情况、可能危害程度、社会影响等综合因素,研究发布的蓝色预警。

⑤预警建议。监测预警中心在山火高发期定期开展山火中、短期预报,编制国网跨区电网和各省线路山火中、短期预报结论及山火预警建议,上报国网运检部和各省公司运维检修部。

⑥预警发布。省国网电力公司根据山火预警建议,综合现场山火反馈情况,发布电网山火预警。

⑦预警处置。运维单位根据山火预警以及现场山火实际情况,及时采取相应的处置措施。

⑧响应分级。森林草原火灾事件应急响应分为Ⅰ、Ⅱ、Ⅲ、Ⅳ级。响应级别确定可采取以下方式:

a.发生特别重大事件、重大事件、较大事件、一般事件时,分别对应Ⅰ、Ⅱ、Ⅲ、Ⅳ级应急响应,其中Ⅰ级为最高级别。

b.国网公司应急领导小组根据森林草原火灾事件影响范围、严重程度和社会影响,确定响应级别。

(2)定期开展应急培训。

应急培训基本为基础培训,培训内容包括山火气象知识、专业灭火技能、装备使用规范。

(3)开展山火应急演练。

每年定期举办森林草原火灾应急演练(图15-12),后勤保障应该及时、到位。

(二)森林草原火灾的处置办法

1.现场判断与处置

(1)信息研判。

运维单位对现场山火信息进行研判,对可能危及线路安全的山火信息向本级调控中心汇报或提出退出重合闸(交流线路)、降压至70%运行(直流线路)、线路

图 15-12　应急演练

停运等申请,并继续跟踪,及时汇报现场火势情况。

(2)线路预警。

运维单位根据电网山火预警,结合线路火点位置、燃烧面积、风速、风向、线下植被等现场情况,判定山火对线路运行的影响,确定线路山火预警等级。

(3)处置原则。

运维单位根据线路山火预警等级,开展相应的处置工作。输电线路山火预警等级及处置原则如表 15-5 所示。

表 15-5　　　　　　　　　　　输电线路山火预警等级及处置原则

预警等级	预警条件	处置原则
一级线路山火预警	当山火发生在输电线路上风口,距离线路 500m 以内,线路附近植被可引起山火迅速蔓延至线路下方,且线路下方有树木等可导致线路跳闸的可燃物	运维人员根据现场风速、风向及火势情况进行综合判断,确认山火有可能引起线路跳闸时,应向调控中心提出线路停运申请
二级线路山火预警	当山火发生在输电线路上风口,距离线路 1000m 以内,线路附近植被可引起山火迅速蔓延至线路下方,且线路下方有树木等可导致线路跳闸的可燃物	运维人员应对现场火势情况进行观察,当发现山火发展较快并向线路方向蔓延时,应向调控中心提出退出重合闸(交流线路)或降压至 70% 运行(直流线路)申请
三级线路山火预警	当山火发生在输电线路上风口,距离线路 3000m 以内,线路附近植被可引起山火迅速蔓延至线路下方,且线路下方有树木等可导致线路跳闸的可燃物	运维人员应继续跟踪和及时汇报现场火势情况

2.小范围山火灭火

小范围山火即初发山火,火势弱,面积小,只要扑火队伍及时赶到并实施扑救,火较容易被扑灭。当地运维班组通知上级单位,上级单位应立刻组织应急基干队伍到达现场进行山火扑灭工作。

(1)应急基干队伍到达现场后应先通过无人机观察火势蔓延方向及速度,勘察完后,作出判断,得出结论,并向上级汇报现场情况。汇报内容包括线路位置、火势范围、是否可以进行灭火、车辆是否可以到达。

(2)应急基干队伍再根据现场情况(地形、着火面积等)选用灭火装置和设备进行灭火。

(3)扑灭明火后,应急基干队伍再逐个地方检查有没有火种残留,一经发现立即扑灭,防止山火复燃。

3.大范围火灾请求政府灭火

对于以下情形的山火,临近输电线路,运维单位不得自行组织灭火,而应先向主管部门上报信息。当地(市)公司立即启动响应,电力调度控制中心接到火情报告后,立即调整电网运行方式,同时公司立即组织应急基干队伍,携带好灭火装置前往现场。到达现场后,应急基干队伍在输电线路通道靠近山火侧迅速砍伐防火隔离带,确保防火隔离带与线路的距离和宽度满足相关要求,然后在地方政府统一组织下利用灭火装备参与灭火。现场参与灭火队员必须清楚现场危险点情况和安全注意事项,在政府和专业消防人员的组织和指挥下,以确保安全为前提,使用灭火装备,按照灭火标准化作业流程参与现场灭火。大范围火灾的判定标准如下:

(1)火场燃烧面积大于 $500m^2$。

(2)火场燃烧面积大于 $200m^2$ 且最高火焰高度超过 $2.5m$。

(3)火场燃烧面积大于 $100m^2$ 且风力大于 4 级。

(4)火场为陡坡、山峰、大坑、没有畅通的撤离通道或不明地形等,可能威胁灭火人员人身安全。

(5)夜间火场。

①灭火注意事项。

a.进入火场时,时刻注意观察可燃物、地形、气象和火势的变化,同时选择安全避险区域或撤离路线,以防不测。

b.一旦陷入危险环境,要保持头脑清醒,积极采取自救手段。

c.遵守火场纪律,服从指挥,不得擅自行动。

扑救火灾具有极大的危险性,在火灾扑救中必须严格按照预案要求,服从统一指挥,科学扑救。

②扑火的有利时机和条件通常有以下几种。

a.初发火。火势弱,面积小,只要扑火队伍及时赶到并实施扑救,火较容易被扑灭。

b.下山火。下山火蔓延速度慢,火势弱,容易扑打。

c. 傍晚至早晨。相对湿度大、温度低、风小，火势弱且蔓延速度慢，容易扑救。

d. 有利的气候条件。林区的气候常多变，阴、雨、雪天气有助于灭火。

e. 有利的阻隔条件。可依托河流、道路、农田等阻隔条件，采取相应措施阻隔灭火。

扑救火灾时，在山高坡陡、地形复杂、风向多变及夜间情况下，对火场原则上围而不打，形成防火隔离带；扑打火头时原则上不动用群众，应由专业森林消防队员扑打；复杂危险条件下，原则上不动用大兵团作战，应由精干的专业队实施突击，坚决防止人员伤亡，确保人员安全。

4. 装备配置

(1) 强力灭火风机。

① 灭火原理。

a. 高速强力灭火：发动机驱动风机产生强有力的高速气流冲击燃烧物从而带走燃烧热量，使燃烧物温度骤降至燃点以下，并把火焰吹离燃烧物，破坏其燃烧条件而达到灭火目的。

b. 阻止火势扩大使其燃尽熄灭：利用风机产生的高速气流将火焰往回吹，使其在原地燃烧或倒向已燃烧过的方向，即利用断绝、消灭可燃物的方法达到灭火目的。

② 使用方法。

先拉油门拉线并启动，把出风口对准火源，再扣动扳机进行灭火。

③ 优势。

高速强力灭火，适用于火焰高度小于 1.5m、风速小于 4 级以及火势较大、集体灭火的情况。

(2) 灭火拖把。

① 使用要求：扫打时，要一打一拖，切勿直上直下扑打，以免溅起火星导致燃烧点扩大。

② 优势：便于携带，成本低。

(3) 油锯。

① 使用步骤。

a. 使用前必须认真阅读油锯使用说明书，了解油锯使用的特点、技术性能和注意事项。

b. 使用前将燃油箱、机油箱的油料加足；调整好锯链的松紧度，不可过松也不可过紧。

c. 作业前操作人员要穿工作服、戴头盔、劳保手套、防尘眼镜或面部防护罩。

d. 发动机起动后，操作人员右手握住后锯把，左手握住前锯把，机器与地面构成的角度不能超过 60°,但角度也不宜过小,否则不易操作。

e.切割时,应先锯断下面树枝,后锯断上面树枝,重的或大的树枝要分段切割。

②使用注意事项。

a.经常检查锯链张紧度,检查和调整时请关闭发动机,戴上保护手套。张紧度适宜的标准是当链条挂在导板下部时,用手可以拉动链条。

b.链条上必须总有少许油溅出。每次在工作前都必须检查锯链润滑和润滑油箱的油位。链条未润滑时绝对不能工作,如用干燥的链条工作,会导致切割装置损毁。

c.绝对不要使用旧机油。旧机油不能满足润滑要求,不适用于链条润滑。

d.如果油箱中的油位不降低,可能是润滑输送出现故障。此时应检查链条润滑及油路。通过被污染的滤网也会导致润滑油供应不良。应清洁或更换在油箱和泵连接管道中的润滑油滤网。

③优势。

油锯可用于快速清理隔离带中的树木。

(4)无人机。

应急基干队伍到达现场后应先通过无人机观察火势。

(5)全套阻燃服。

全套阻燃服在火场中可以保护灭火人员免受明火或热源的伤害。

(6)防尘面罩。

防尘面罩是减少或防止空气中粉尘进入人体呼吸器官从而保护生命安全的个体保护用品。

防尘面罩主要用于含有低浓度有害气体和蒸气的作业环境。滤毒盒内仅装吸附剂或吸着剂。有的滤毒盒还装有过滤层,可同时防气溶胶。有些军用防毒面罩,主要由活性炭布制成,或者以抗水抗油织物为外层,玻璃纤维过滤材料为内层,浸活性炭的聚氨酯泡沫塑料为底层,可在遭受毒气突然袭击时提供暂时性防护。

(7)正压式空气呼吸器。

正压式空气呼吸器主要用于在下列环境中进行灭火或抢险救援时:

①有毒、有害气体环境。

②烟雾、粉尘环境。

③空气中悬浮有害物质污染物的环境。

④空气氧气含量较低,人不能正常呼吸的环境。

⑤消防员或抢险救护人员在浓烟、毒气、蒸汽或缺氧等各种环境下安全有效地进行灭火、抢险救灾和救护工作。

⑥用于消防、化工、船舶、石油、冶炼、仓库、实验室和矿山。

（8）望远镜。

望远镜主要用于观察火势情况。

5.线路恢复运行

当同时满足下列条件时,运维单位解除线路山火预警,并向调控中心汇报申请线路恢复正常运行:

（1）周边500m范围内明火被扑灭,30min以上无复燃、无浓烟,主风向背离线路方向,或者火情向远离线路方向发展,距线路1000m以上,无回燃可能。

（2）检查线路绝缘子、导地线、光缆等设备无损伤,不影响线路正常运行。

线路恢复正常运行后,运维班组持续监控,直至线路周边无火情发生,方可撤离现场。

6.上报事故报告

当山火被扑灭,线路恢复正常运行之后,当地单位应该编写事故报告并上报。

三、总结

应急基干队伍灭火的前提是,在保障自身安全的条件下,熟练地使用灭火装置进行灭火,严禁在超出自己能力范围的情况下进行灭火。时刻记住安全是第一位。

1.重点

及时准确上报信息,熟练使用装备。

应急基干队伍到达现场并进行信息研判之后,立即向上级单位汇报现场火势情况。汇报内容包括线路位置、火势范围、是否可以进行灭火、车辆是否可以到达。

应急队员进入火场前必须能熟练地针对不同火场状况使用不同灭火装备。

2.难点

现场火势研判。运维单位对现场山火信息进行研判,对可能危及线路安全的山火信息向本级调控中心汇报或提出退出重合闸（交流线路）、降压至70%运行（直流线路）、线路停运等申请,并继续跟踪,及时汇报现场火势情况。

3.要点

森林草原火灾监测预警。运维单位根据电网山火预警,结合线路火点位置、燃烧面积、风速、风向、线下植被等现场情况,判定山火对线路运行的影响,确定线路山火预警等级。

第十六章　电缆通道火灾处置

一、电缆通道火灾的主要特点

(一)起火迅速,不易控制

电缆的绝缘层和外保护层多为可燃物,一旦接触热源,很容易着火。若是单根敷设的电缆,其着火后,火焰前锋会顺着电缆向两端缓慢延烧,若是在多根相邻敷设的情况下着火,其火焰温度可达800~1200℃,特别是敷设在比较密集的电缆通道内的电缆着火时,产生的热量难以扩散,温度上升很快,在距离着火电缆两侧和上方20cm处温度可达800℃以上,超过了电缆护套和绝缘层的燃点。所以一根电缆着火后势必波及相邻电缆。多层支架布置的下层电缆着火,必然波及上层电缆,如果是上层电缆着火,其高温熔融物滴落在下层电缆上,也能引起下层电缆燃烧,从而形成连锁反应,火势由小到大,发展很快,若不及时扑灭,将会扩大成灾。

(二)高温有毒烟雾积聚,抢救灭火十分困难

电缆多放置于电缆沟、电缆夹层等密闭空间,电缆着火时,其绝缘材料、填充物等会释放大量如CO、HCl等有毒烟雾。由于电缆沟道空间密闭,面积狭窄,同时缺乏有效排烟设施,烟雾迅速充满电缆沟道空间,能见度低,很难找到着火点,不易于扑救,极易造成灭火人员中毒、伤亡事故。同时,电缆沟道在大火猛烈燃烧时温度可达600~800℃,会造成电缆钢支架烧熔,电缆线芯烧成珠状。电缆燃烧时产生的含HCl的有害气体四处蔓延,遇潮湿空气形成稀盐酸附着在电气设备、控制屏柜上,形成一层导电膜,降低设备和接线回路的绝缘性,威胁电气设备安全运行。

(三)损失严重,修复困难

电缆着火,常酿成火灾,不仅直接烧损大量昂贵的电缆及其他电气设备装置,而且电缆修复极其困难。部分电缆通道空间狭小,着火点往往造成多根电缆同时损毁,需要在狭小的空间内制作电缆中间接头,施工难度大,修复时间长,对电网的供电可靠性造成严重影响。

二、电缆通道火灾事故原因分析

电缆通道火灾事故的原因有两个：一是电缆自身故障；二是外界因素。

（一）电缆自身故障引发电缆通道火灾

（1）电缆中间接头制作工艺不良，导致绝缘性能降低，造成短路起火。例如，压接管压接不紧、中间接头材料选择不当，半导体内存在杂质、尖锐毛刺、受到损伤，均可能造成运行中接头氧化、局部发热或炸裂，导致着火。

（2）电缆多次经长时间短路电流冲击，导致绝缘水平下降而引发短路失火。

（3）地下电缆运行时，会因线芯与线芯间、线芯与屏蔽层间的绝缘击穿而产生电弧，造成电缆着火。

（4）电缆长期过负荷运行或保护装置不能及时切除负载短路电流，致使绝缘过热损坏，造成电缆短路起火。

（5）电缆本身质量不过关（如绝缘强度达不到要求、内部绝缘制造缺陷等）而引起电缆着火。

（6）电缆通道内防水措施不当。电缆受水浸渍，使电缆绝缘电阻下降，造成电缆接地或短路事故引起火灾。

（7）电缆长期工作温度为 70～90℃，易引起火灾。

（8）绝缘运行年限超过 15 年，绝缘老化，容易造成电缆自燃。

（二）外界因素引发电缆通道火灾

（1）施工时，由于电、气焊接火花飞溅而引起电缆着火。

（2）电缆在施工中受到机械性损伤，造成气隙，投入运行后常引起局部放电，电弧使电缆产生树纹状裂纹，导致接地短路，引起火灾。

（3）电缆通道未用耐火材料封堵，造成外部火灾侵入，引起电缆延燃，扩大火灾事故。

（4）电缆通道内未按电压等级分层敷设，或通风不畅，也易引起火灾。

（5）电气设备故障起火或其他杂物起火导致电缆着火。

三、电缆通道发生火灾的征兆

（一）火灾消防报警系统发出警报

当电缆出现温度异常升高的情况时，电缆火灾定温探测报警装置会采集到电缆温度异常信息，状态指示灯会根据温度情况发出不同颜色的告警指示。

（二）自动化站所终端故障告警

以环网柜为例，当环网柜出线电缆发生故障时，环网柜内的自动化站所终端通过电流互感器采集到电缆电流异常信息,自动化站所终端会向调度主站上报出线间隔过流Ⅰ段告警和故障总告警信息。

(三)环网柜继电保护装置动作告警

以环网柜出线间隔为例,环网柜出线间隔均配有环网柜继电保护装置,当出线间隔电缆发生故障时,环网柜继电保护装置会触发跳闸告警信息,并断开当前出线间隔开关,隔离故障间隔电源点。

四、电缆通道火灾的预防

(一)电缆通道日常运维及消防专项整治

1. 强化电缆设备日常运维

(1)为电缆创造良好的运行环境,避免因运行环境恶劣而加速电缆绝缘老化和损伤。电缆通道要有良好的排水设施,如设置排水浅沟、集水井,并能有效排水,必要时设置自启停抽水装置,防止积水,保持内部干燥;防止水,腐蚀性气体、液体及可燃性液体、气体进入电缆通道;装设完善的防鼠蛇窜入的设施,防止小动物破坏电缆绝缘而引发事故等。

(2)开展电缆预防性试验。采用交流、直流耐压试验以及电缆振荡波试验、介质损耗普测等试验,检查电缆的绝缘性能是否完好,是否具备安全稳定运行条件,及时发现并解决缺陷和隐患。

(3)加强对电缆头制作质量的管理和运行监测。严格控制电缆头制作材料和工艺质量,所制作电缆头的使用寿命不低于电缆的使用寿命,接头的额定电压等级及其绝缘水平不得低于所连接电缆的额定电压等级及其绝缘水平;接头形式应与所设置环境条件相适应,且不致影响电缆的流通能力。

(4)定期对电缆连接的开关及保护装置进行校验,确保其动作的正确性与及时性,避免开关拒动造成的电缆长时间故障运行。

(5)按照巡视周期对电缆通道进行巡视,对重载线路、运行年限超过10年或电缆中间接头密集的线路加大巡视频次,及时发现缺陷和隐患并进行处理。

2. 开展电缆线路消防专项整治

采用封、堵、涂、隔、包、水喷雾等措施防止电缆延燃。电缆进入电缆通道的管口要严格进行防火封堵,同时在电缆通道中间隔适当距离装设防火墙,防止单根电缆或少量电缆着火而引燃大量电缆;要保证防火堵料或防火墙的严密性和厚度,特别是在电缆集中的地方进行维护检查时,应及时将破坏的防火封堵还原;要保证防火堵料或防火墙有足够的机械强度,以防止电缆着火特别是发生电气短路时引起空气的迅猛膨胀而产生冲力,进而对防火封堵或防火墙造成破坏。

还可以在电缆表面涂刷防火涂料,有效抑制火势。在电缆中间接头上方吊装气溶胶或泡沫灭火弹,一旦中间接头爆炸引发火灾,灭火弹就会因受热而立即进行灭火。

3.优化外界环境条件

(1)定期巡视通道外直埋或使用管线埋设的电缆线路,对"外破点"安排专人进行看护,严防外力破坏损伤电缆时造成的故障电流对电缆通道内的中间接头造成冲击,进而引发中间接头的爆燃。

(2)提高各级人员电缆防火意识,尽可能避免在电缆周围进行焊接、切割等带有明火性质的作业,如必须进行作业的,则应按规定办理动火工作票,采取可靠措施并在专人监护下实施作业。

(二)电缆通道火灾应急体系建设

1.成立火灾应急消防领导小组

成立火灾应急消防领导小组(简称应急领导小组),明确应急领导小组人员组成及小组人员主要职责,负责电缆通道火灾应急预案编制、电缆通道火灾应急演练组织开展、应急物资筹备,在发生电缆通道火灾事故时指挥和协调现场应急工作。

2.制订事故应急预案,开展应急演练

应急领导小组组织编制电缆通道火灾事故现场应急处置方案,讨论并确定应急处置预案主要内容,针对不同情况的火灾事故,制订针对性的处置措施。按照制订的应急预案开展事故应急演练,建立联防联控机制,确保应急预案符合实际,能精准、高效地指导应急处置工作。

3.储备电缆通道火灾应急资源

按照电缆通道火灾事故的处置措施,提前预备应对电缆火灾事故所需的备品备件、消防器材、安全工器具及个人防护用品,如灭火器、防毒面具、防护服、电缆中间接头、压接管、电缆冷缩终端头、端子、电缆 T 形头等,并安排专人管理,定期盘点及补充。

五、电缆通道火灾应急处置办法

(一)发现火情,立即汇报

发现火情人员应保持镇定,并立即向应急领导小组汇报火情。疏散火灾现场无关人员,保持安全距离,划定危险区域,清理火灾现场附近可能的易燃易爆物品,保证人身安全。

(二)拨打"119"申请援助

在向应急领导小组汇报火情后,应即刻拨打火灾报警电话"119",向消防部门申请援助。

【注意】

①报警时告知对方起火地址、着火物质、火势大小、着火范围,且把自己的电话号码和姓名告诉对方,以便联系。

②注意听清对方提出的问题,以便正确回答。

③在交叉路口等候消防车的到来,维持现场秩序,保证消防通道畅通,以便引导消防车迅速赶到火灾现场。

④在消防人员抵达现场后,指派专人协助消防人员,告知起火地点、水源、带电危险区域等。

(三)火情初步勘察

发现火情人员应对火灾现场进行现场勘察,查明火灾事故发生原因,判断火灾范围。

【注意】

①发现火情人员首先保证人身安全,不要盲目进入电缆通道内。

②勘察火情起因、火情范围、火灾线路走向情况。

③在支援人员及安全防护用品、灭火器等物资到达现场前,发现火情人员不应尝试灭火或接触带电设备。

(四)线路停电处理

应急领导小组在收到火情汇报后,应立即通知应急抢险人员赶往现场处置火情。应急抢险人员到达现场后,向发现火情人员详细了解现场火情具体情况。由应急抢险人员联系调控中心,对发生火灾事故的线路及可能受到火灾情况影响的线路申请调整线路运行方式(停电或转负荷)。

【注意】

①发现火情人员应详细向应急抢险人员说明现场情况,不能遗漏。

②应急抢险人员向调控中心申请调整火灾线路运行方式时,应详细告知调控人员火灾线路的双重名称,按照调控中心指令进行现场设备操作。

(五)物资调拨

应急领导小组通知应急抢险人员赶赴现场做先期处置,同时指派后勤保障小组紧急向现场调拨火灾救援物资、安全防护用具等。

【注意】

后勤保障小组应准备齐全火灾救援物资和安全防护用具,并第一时间送到现场,包括正压式空气呼吸器、火灾个人防护用品(全套)、干粉灭火器、便携式气体检测报警仪、医疗急救箱、强光防爆手电筒(头灯)等。火灾应急救援物资清单如表16-1所示。

表 16-1 火灾应急救援物资清单

序号	分类	名称
1	安全布防	安全警示标识等
2	作业防护设备	便携式气体检测报警仪
3		移动式强制通风设备(轴流风机)
4		强光防爆手电筒(头灯)
5		对讲机
6		安全绝缘梯
7		干粉灭火器
8		大功率发电机
9		电源盘
10	个人防护用品	正压式空气呼吸器
11		消防头盔
12		灭火防护服
13		消防手套
14		灭火防护靴
15		消防安全腰带
16	急救药品	医疗急救箱

(六)现场灭火

(1)应急抢险人员到达现场后,立即在危险区进行安全布防,设立安全警戒线,悬挂警示标识牌,疏散现场无关人员。

(2)打开起火点两侧电缆通道井盖,在井口处对通道内火势情况进行判断。

(3)在灭火人员进入电缆通道前,再次确认已断开事故电缆所有可能来电电源,防止发生人身触电事故。

（4）使用便携式气体检测报警仪检测通道内氧气含量和有毒气体含量情况，并应每隔 5min 检测一次。

（5）灭火人员必须至少两人一组，检查并正确佩戴正压式空气呼吸器；检查个人防护用品是否穿戴齐全、合格；携带便携式气体检测报警仪、强光防爆手电筒（头灯）、对讲机、干粉灭火器进入电缆通道灭火。

（6）进入电缆通道的灭火人员，在通道内停留时间不宜过长，随时保持与地面人员的通信沟通。应急处置灭火时，注意防止中毒、窒息、触电、烫伤，且避免触碰导电部位。

（七）个人防护用品的穿戴与正压式空气呼吸器的使用

1. 个人防护用品

个人防护用品主要由以下五大部分组成：消防头盔、灭火防护靴、灭火防护服、消防手套、消防安全腰带。另外，某些个人防护用品还包括呼救器、照明灯、防护眼镜、防火面罩等用品。

在穿戴个人防护用品前，应注意检查防护用品是否合格，是否出现外力损伤的情况，特别注意是否有被尖锐物品刺破和酸碱腐蚀情况的发生，并且防护器具的检验时间要在有效检验期内。

2. 正压式空气呼吸器

正压式空气呼吸器作为一种自给开放式空气呼吸器，主要适用于消防、化工、船舶、石油、冶炼、厂矿、实验室等地点，使消防员或抢险救护人员能够在充满浓烟、毒气、蒸气或缺氧的恶劣环境下安全地进行灭火、抢险救灾和救护工作。

（1）正压式空气呼吸器的组成。

正压式空气呼吸器主要由面罩、气瓶、瓶带组、肩带、报警哨、压力表、气瓶阀、减压器、背托、腰带组、快速接头、供给阀组成。

（2）正压式空气呼吸器的具体使用步骤。

①佩戴时，先将快速接头断开（以防在佩戴时损坏面罩），然后将背托放在人体背部（气瓶开关在下方），根据身材调节好肩带、腰带并系紧，以合身、牢靠、舒适为宜。

②将面罩上的长系带套在脖子上，使用前面罩要置于胸前，以便随时佩戴，然后将快速接头接好。

③将供给阀的转换开关置于关闭位置，打开气瓶开关。

④戴好面罩（可不用系带）进行 2～3 次深呼吸，应感觉舒畅。屏气或呼气时，供给阀应停止供气，无"咝咝"的响声。用手按压供给阀的杠杆，检查其开启或关闭是否灵活。一切正常时，将面罩系带收紧，收紧程度以既要保证气密性又感觉舒适、无明显的压痛感为宜。

⑤撤离现场到达安全处所后,将面罩系带卡子松开,摘下面罩。

⑥关闭气瓶开关,打开供给阀,断开快速接头,从身上卸下呼吸器。

(3)使用正压式空气呼吸器的注意事项。

①使用前。

a.检查气源压力。打开气瓶阀开关,观察高压表,要求气瓶内空气压力为27～30MPa。

b.检查整机系统气密性。打开气瓶阀开关,观察压力表的读数,稍后关闭。1min内压力表所示压力下降不大于2MPa,表明气密性良好。

c.检查残气报警装置。打开气瓶阀开关,稍后关闭。转动供气旁通阀手轮,缓慢排气,观察压力表指针的下降情况,当压力降至5～6MPa时,报警器应发出哨笛报警信号。

d.检查面罩的密封性。佩戴好面罩,用手掌心捂住面罩接口处,或在不打开瓶头阀的情况下深呼吸数次,若感到吸气困难,证明面罩气密性良好。

e.检查供气阀的供气情况。打开气瓶阀开关,佩戴好面罩,深吸一口气,供气阀"啪"的一声即打开供气。深呼吸几次检查供气阀性能,吸气和呼气都应舒畅、无不适感觉。关闭供气阀开关,打开旁通阀开关,面罩内有股气流持续供气,旁通阀关闭后持续气流终止,证明供气阀和旁通阀工作正常。

②使用中。

a.必须确保气瓶阀始终处于完全打开的状态。

b.必须经常查看气瓶气源压力表。

c.使用中出现呼吸阻力增大、呼吸困难、头晕等不适现象,以及其他不明原因的不适时,应立即撤离现场。

d.使用中听到残气报警器哨声后,应尽快撤离现场(到达安全区域后,迅速卸下面罩)。

e.在作业过程中供气阀发生故障不能正常供气时,应立即打开旁通阀作人工供气,并迅速撤出作业现场。

(4)定期检查和日常的维护与保养。

①定期检查。

a.面罩的镜片、系带、环状密封、呼气阀、吸气阀、空气供给阀等机件应完整、好用,连接正确可靠,清洁、无污垢。

b.气瓶压力表工作正常,连接牢固。

c.背带、腰带完好,无断裂现象。

d.气瓶与支架及各机件连接牢固,管路密封良好。

e.气瓶压力一般为28～30MPa。压力低于24MPa时,必须充气。

②日常维护与保养。

维护与保养工作必须由经过培训的人员完成,以保证正压式空气呼吸器始终处于良好备用状态。

a.面罩应用温和的中性清洁剂、消毒液洗涤,不要使用洗衣粉清洁,然后用清水漂洗干净,自然晾干。切忌使用腐蚀剂或粗粒去污剂,避免使用丙酮、苯等溶剂洗涤,以免损坏软化面窗。

b.对卸下的背托、气瓶、减压器、压力表、报警哨等部件表面污物,应用软纱布擦净。

c.使用后的气瓶应做出"空瓶"标识,以便及时充气。

d.将充装好的气瓶按装配位置连接牢固。

e.呼吸器构件连接处 O 形密封圈容易老化和损坏,哪怕只发现微小的变化,也要及时更换。更换时最好在 O 形圈上加涂硅脂,以推迟橡胶老化的时间并起润滑作用。

f.维护与保养好的呼吸器装具在充分晾干后按正确位置放入包装箱中,存放在空气流通、远离热源、干燥、无阳光直射的环境中。

(八)干粉灭火器的使用

干粉灭火器的灭火原理是以二氧化碳气体或氮气气体作为动力,将筒内的干粉喷出以此灭火。干粉是一种干燥的、易于流动的微细固体粉末,由能灭火的基料和防潮剂、流动促进剂、结块防止剂等添加剂组成。主要用于扑救石油、有机溶剂等易燃液体、可燃气体和电气设备的初期火灾。

1.干粉灭火器的使用方法

干粉灭火器最常用的开启方法为压把法,具体做法是将灭火器提到距火源适当位置后,先上下颠倒几次,使筒内的干粉松动,然后让喷嘴对准燃烧最猛烈处,拔去保险销,压下压把,灭火剂便会喷出灭火。

2.使用干粉灭火器时的注意事项

(1)干粉灭火器在使用时应该保持竖立的状态,不能够颠倒着使用,否则无法喷出粉末。将火扑灭之后,还需要注意防止复燃。

(2)一只手要握住喷嘴,而且要将提环提起来,干粉才能够从喷嘴中喷射出来。

(3)干粉灭火器能够扑灭一些可燃液体引发的火灾,而在喷射的时候应该注意,要将喷嘴对准火焰的底部,进行左右扫射,才能够有效灭除火源。

(4)禁止将喷嘴对准液面喷射,以免产生的冲击力导致油液飞溅,引发更大的火势。

3.日常干粉灭火器的检查事项

(1)作为常规消防器材,干粉灭火器应存放在通风、干燥的位置,避免存放在日晒雨淋、潮湿、易腐蚀等环境中。

（2）应定期检查灭火器压力表，当压力表指针低于绿线区时，应立即充压维修，一般灭火器瓶压有效期限在1年半至2年，要定期充压或更换。

（3）灭火器应放在清洁干燥的地方，严禁暴晒和靠近火源；应妥善保管，严禁拆动。

（4）灭火器在每次使用后，必须送到已取得维修许可证的维修单位检查，更换已损件，重新充装灭火剂和驱动气体。

（5）灭火器不论已经使用过还是未经使用，距出厂的年月已达规定期限时，必须送维修单位进行水压试验检查。

【注意】
①应急抢险人员到达现场后，首先进行安全布防。
②进入电缆通道前，先通风。
③应急抢险人员正确穿戴正压式空气呼吸器、防护服。
④应急抢险人员正确使用干粉灭火器。
⑤火灾无法扑灭时，立即撤出现场，等待消防队赶到现场后再行处置。

六、收尾工作

在灭火工作完成后，对现场进行清理和隐患排查，对故障电缆进行抢修。具体内容包括清理现场、抢修电缆、清点人员、检查通道、恢复送电等工作。

（一）清理现场

在电缆通道灭火完成后，现场人员应全面清理打扫现场，确保现场未遗留火星或其他易燃物。

（二）抢修电缆

快速进行受损线路设备抢修，对事故电缆周边电缆进行仔细排查，处理所有缺陷隐患。

（三）清点人员

在电缆通道抢修工作完成后，指挥人员应清点参与抢修人员，确保现场无人员受伤或损失。

（四）检查通道

在抢修工作完成后，工作班成员需对电缆通道内环境进行检查，确保无遗留物，明确是否已具备送电条件。

（五）恢复送电

对修复后的电缆进行送电，恢复其他线路原有运行方式。

七、总结

1.重点

（1）电缆通道火灾应急处置流程有详细的处置方案和注意事项，为保证人身与设备财产安全，一旦发生电缆通道火灾事故，所有人员务必严格按照火灾应急救援处置流程有序进行火灾应急处置。坚决杜绝在不清楚危险和未采取任何安全防护措施的情况下擅自进行灭火或尝试进行灭火。

（2）当工作人员发现电缆通道内发生火灾时，拨打"119"报警电话是必须进行的一项重要工作。若火情无法得到及时的控制，将造成更严重的经济损失。

2.难点

（1）当真实面对火灾发生时，应急抢险人员难免会出现慌张无措的情况。此时，应尽力保持镇静，严格按照火灾应急救援处置程序有序进行灭火工作。

（2）使用正压式空气呼吸器，在使用前、使用中和穿戴完成后，都需要进行全面的检查工作，反复确认没有遗漏任何一个关键因素。穿戴的顺序应按照产品说明进行，以防出现损坏或其他问题，为后续工作埋下安全隐患。

3.要点

（1）牢记人民生命安全高于一切。在电缆通道火灾应急处置过程中，所有人员均应注意避免烧伤、中毒、触电的危险。

（2）进入电缆通道前，应严格执行有限空间作业"先通风、再检测、后作业"的规定。

（3）在穿戴正压式空气呼吸器与个人防护用品前，必须进行检查工作，不得遗漏任何一个要点；当穿戴结束时，应再次检查是否有遗漏或是否按安全规定穿戴；电缆通道内灭火过程中，工作人员还需时刻关注呼吸器的气压情况和防护服的安全情况。一旦出现身体不适（呼吸不畅、异味、眩晕等）或防护服出现破损的情况，必须立即停止工作，沉着有序地退出电缆通道，远离火灾现场。

参 考 文 献

［1］ 张兰相.生命探测仪的技术原理与应用改进措施［J］.武警学院学报，2017（4）：36-39.

［2］ 赵明，吴刚，王丽萍.生命探测仪及其技术原理［J］.辽宁师专学报（自然科学版），2012，14（2）：96-98.

［3］ 吴晓波，何彬.冲锋舟艇基本驾驶技能与应急救援处置实践［J］.中国防汛抗旱，2019，29（3）：67-70.

［4］ 何强，徐加伟.冲锋舟在抢险救灾中应注意的几个方面［J］.中国水运，2019，19（11）：20-21.

［5］ 任志明，邵薇.水域事故救援技术研究［J］.消防技术与产品信息，2018，31（10）：75-78，91.

［6］ 朱玉贵，房军.冬季水域事故救援技术研究［J］.中国消防，2009（3）：36-37.

［7］ 刘国嵩，贾继强.无人机在电力系统中的应用及发展方向［J］.东北电力大学学报，2012，32（1）：53-56.

［8］ 冯治学.电网山火灾害风险评估模型研究［D］.武汉：中国地质大学（武汉），2015.

［9］ 张昕.浅谈自然灾害对输电线路的影响及防范［J］.技术论坛，2008（20）：67.

［10］ 于虹，沈志，马仪，等.架空输电线路无人机灾情勘测技术及应用［M］.北京：中国电力出版社，2019.

［11］ 蔡国玮，陈本美，李崇兴，等.无人机驾驶旋翼飞行器系统［M］.北京：清华大学出版社，2012.

［12］ 李云，徐伟，吴玮.灾害监测无人机技术应用与研究［J］.灾害学，2011，26（1）：138-143.

［13］ 国家能源局.架空输电线路运行规程：DL/T 741—2019［S］.北京：中国电力出版社，2019.

［14］　张颖.电热毯的火灾隐患及其火场痕迹的鉴定［C］.中国消防协会电气防火专业委员会六届三次会议暨第十八次电气防火学术研讨会.北海,2012:144-146.

［15］　许泽峰,张称心.变电站电缆火灾事故的原因分析及应对措施［J］.内蒙古电力技术,2006,24(3):51-53.

［16］　李焕宏.浅谈剩余电流式电气火灾监控系统的应用［C］.2009年中国消防协会电气防火专业委员会会议.西安,2009:22-25.

［17］　高健,熊友明.电缆火灾事故的成因与预防［J］.水利电力劳动保护,1996(1):33-35.

［18］　张长盛,孟昭斌,顿超.220kV变压器电缆终端起火事故分析［J］.电力系统及其自动化学报,2016,28(S):15-18.